普通高等教育"十二五"规划教材

室内设计制图与识图

田 原 编著

中国电力出版社
CHINA ELECTRIC POWER PRESS

内 容 提 要

本书是一本快捷学习装饰制图与识图知识的书，重点介绍制图与识图方法的应用。全书以图文并茂的方式，由浅入深、系统地介绍装饰制图与识图的知识，并配以步骤图，使学生能够快速清楚地了解和学会装饰制图与识图基本技能，以最简捷的方式学会设计制图和识图方法的目的。

本书主要作为普通高等教育建筑学、环境艺术设计、室内设计、家具设计等专业的教材，也可用作土建类及其他相关专业的选修教材，还可作为相关专业培训班的教材，是一本学用结合的实用参考书。

图书在版编目（CIP）数据

室内设计制图与识图/田原编著 . —北京：中国电力
出版社，2013.12（2019.11重印）
普通高等教育"十二五"规划教材
ISBN 978 - 7 - 5123 - 2822 - 8

Ⅰ.①室…　Ⅱ.①田…　Ⅲ.①室内装饰设计－建筑
制图－高等学校－教材②室内装饰设计－建筑制图－
识别－高等学校－教材　Ⅳ.①TU238

中国版本图书馆 CIP 数据核字（2012）第 158216 号

普通高等教育"十二五"规划教材　室内设计制图与识图

中国电力出版社出版、发行
（北京市东城区北京站西街 19 号　100005　http：//www.cepp.sgcc.com.cn）
2013 年 12 月第一版
787 毫米×1092 毫米　横 16 开本　9.5 印张　233 千字

北京天宇星印刷厂印刷

2019 年 11 月北京第四次印刷

各地新华书店经售

定价 24.00 元

前　言

本书的特点是立足于识图与制图的具体实施的方法，尽可能较少地涉及理论的阐述，这样使读者可以节省大量的时间，更快捷地掌握设计工作的需求。掌握识图与制图的最基础的方法——平、立、剖面图、详图及家具三视图和透视图的绘制过程。对于设计构思过程中绘制草图具有特殊的意义和作用。识图与制图是设计技术性的过程，两者是不可分的有机整体，它们构成了设计程序中的根本。本书根据编者的教学实践和学生的具体疑难问题编写而成，编者力求达到设计基础教学的完善。

本书系统、全面地介绍了室内设计制图和识图的理念，基本特征，以及相关内容、方法步骤和程序。编写参照了最新版的房屋建筑室内装饰装修制图标准（JGJ/T 244—2011），在编写的过程中力求简明、易懂、实用，循序渐进地解决识图与制图中的疑难问题，适合读者的自学

和教学的培训。本书可作为普通高等院校建筑学、环境艺术设计、室内设计等专业教材，也可作为高职高专或成人函授教育等相关专业教材，还可作为室内装修工程技术人员的参考用书。

本书在编著过程中，参考和借鉴了透视制图与识图的相关资料，在此对资料中注明或未注明的各位先导和同仁们表示诚挚的感谢！并感谢北京林业大学的李昱、阮雪雁等同学提供了测绘家具图！

最后感谢本书的责编给予的支持和帮助。

本书的编排和具体做法由于水平所限，难免有错漏和不妥之处，敬请读者和同行们在交流中批评指正！

编　者

2012 年 12 月

目　录

第一章　制　　图

在电脑制图非常普及的今天，徒手制图更显得重要，要将设计投入生产，则必须掌握施工图的绘制。电脑制图是由人来控制的，要绘制出符合规范要求的图纸还需要掌握制图的基本知识。室内装饰设计的制图要求，基本上是采用 GB/T 50001— 2010《房屋建筑制图统一标准》，GB/T 50103— 2010《总图制图标准》，GB/T 50104—2010《建筑制图标准》，JGJ/T 244—2011《房屋建筑室内装饰装修制图标准》和由原轻工部批准的 GB/T 1338—1991 家具制图标准。

第一节　室内设计工程制图基础

一、制图工具

制图工具如图 1-1 所示。

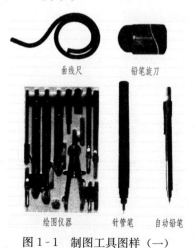

曲线尺　　　铅笔旋刀

绘图仪器　针管笔　自动铅笔

图 1-1　制图工具图样（一）

绘图钉　　胶带　　曲线板　　三棱比例尺

裁纸刀　　　量角器　　　橡皮　　文字、数字模尺

通用模板　　　专业模板　　　三角板

图板

图纸

丁字尺
绘图钉　　　电脑　　　擦图片

图 1-1　制图工具图样（二）

1. 图板

图板是绘图时使用的垫板，由框架和胶合板组成，要求板面平整，各边必须平直。图板规格有零号、壹号、贰号三种，如图1-2所示。

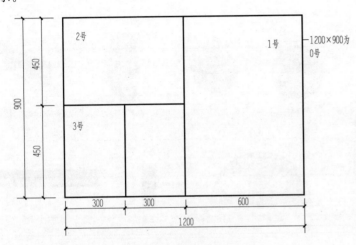

图 1-2 图板标准规格

2. 图纸

图纸采用国际通用的 A 系列图纸，如图1-3所示。

（1）幅面：

A0（整幅）称为零号图纸——0#。

A1 称为 1 号图纸——1#，其他以此类推。

（2）相邻幅面的对应边之比，都符合 $\sqrt{2}$ 的关系：如 $\frac{1189}{840}=1.415$，$\frac{420}{297}=1.414$。

（3）图纸的标示，如图1-4所示。

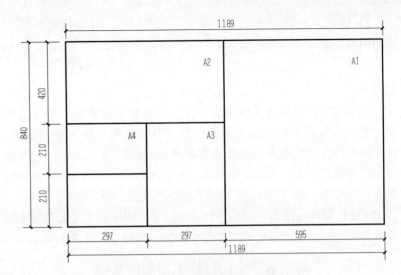

图 1-3 图纸的标准规格（A 系列）

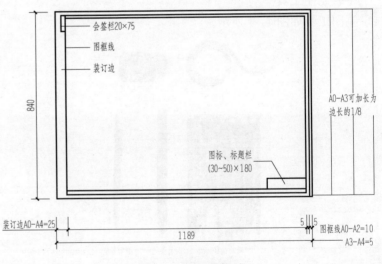

图 1-4 图纸的标示

1）图标，如图 1-5 所示。图标又称标题栏，用来简要说明图纸的内容。其内容包括设计单位名称、工程项目名称、设计人、审核人、描图人、图名、比例、日期和图纸编号等，其位置和尺寸在规范中都有明确要求，但是近年来，由于电脑的使用和国际的交流，图标的式样新颖别致、更增添了图纸的现代感和严谨性。

2）会签，如图 1-6 所示。会签的内容包括会签人员所代表的专业、姓名和日期等。

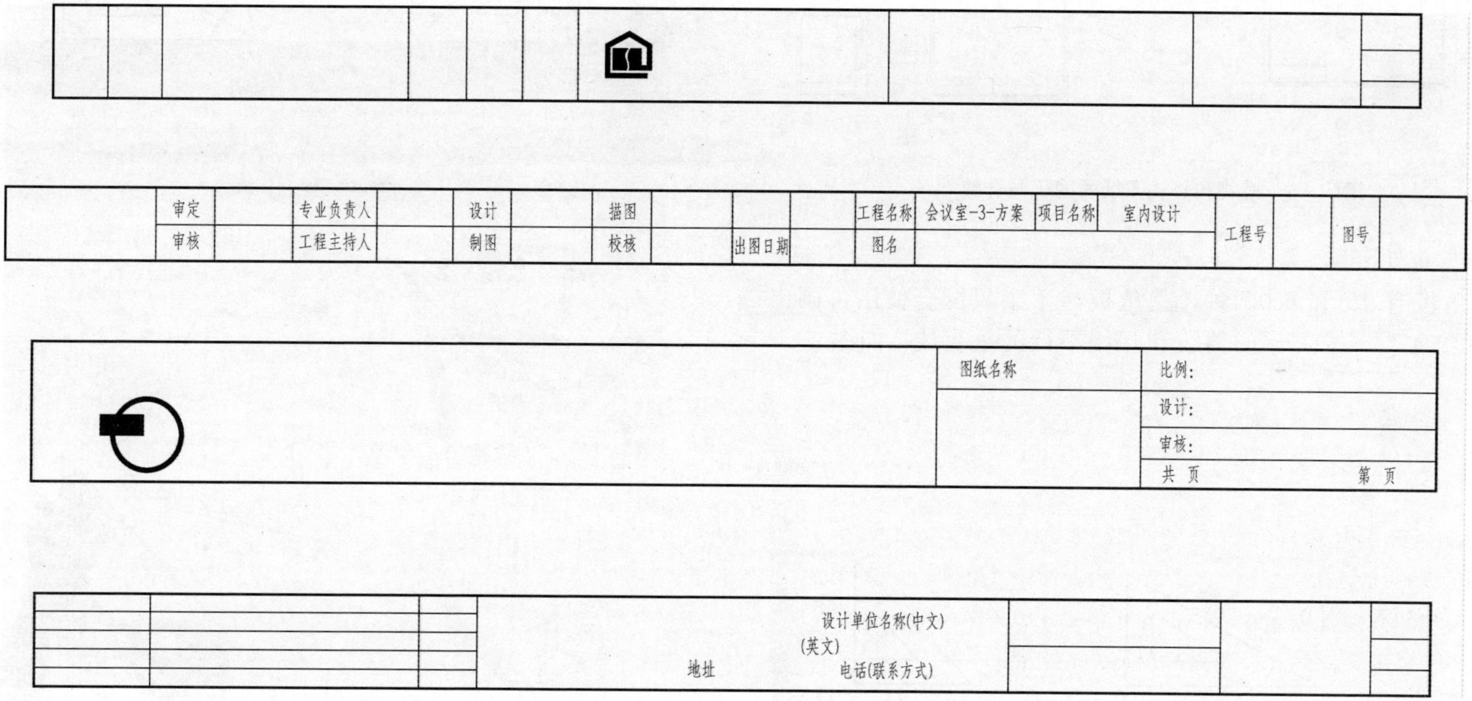

							工程名称	会议室-3-方案	项目名称	室内设计				
审定		专业负责人		设计		描图								
审核		工程主持人		制图		校核		出图日期		图名		工程号		图号

		图纸名称	比例：
			设计：
			审核：
		共　页	第　页

			设计单位名称(中文)		
			(英文)		
		地址	电话(联系方式)		

图 1-5　图标

3

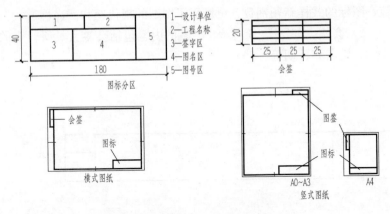

1—设计单位
2—工程名称
3—签字区
4—图名区
5—图号区

图标分区

会签

横式图纸

竖式图纸

A0~A3

A4

图1-6　横式和竖式图纸的图标与会签

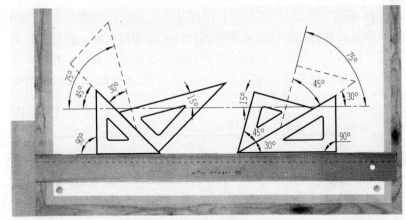

(b)15°、75°角作法

3. 三角板

三角板有45°和60°两种，三角板与丁字尺配合使用可画出15°、30°、45°、60°、75°的斜线和互相平行的垂直线，如图1-7所示。

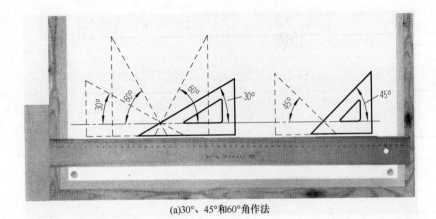

(a)30°、45°和60°角作法

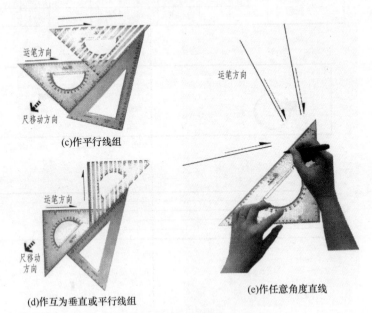

(c)作平行线组

(d)作互为垂直或平行线组

(e)作任意角度直线

图1-7　三角板的用法

4. 丁字尺

丁字尺是画水平线的工具，如图 1-8～图 1-10 所示，使用时应注意：

（1）尺头必须沿图板左边缘上下滑动，不得在其他各边滑动。

（2）只能在尺身上侧画线，注意保持尺身的平直。

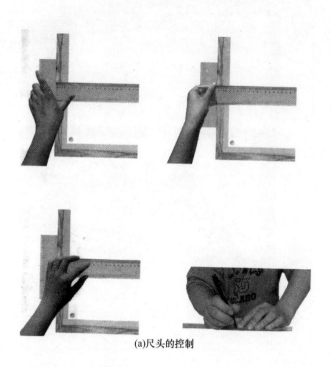

(a)尺头的控制

(b)用丁字尺作水平线

(c)用丁字尺和三角板作垂直线

图 1-8　丁字尺的用法（一）

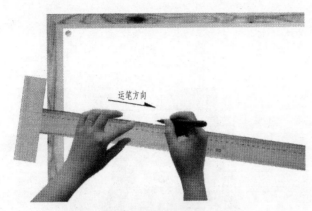

(d) 过长的倾斜直线可用丁字尺

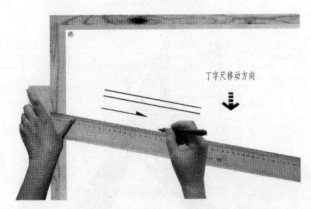

(e) 过长的倾斜平行线组，用可调丁字尺画线较方便
（特制的丁字尺尺头与尺身可调换角度）

图1-8　丁字尺的用法（二）

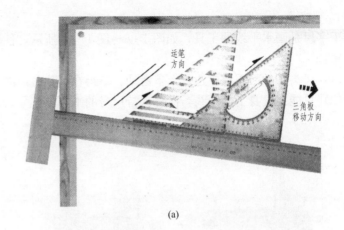

(a)

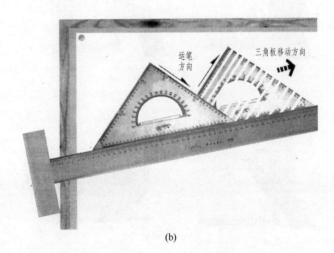

(b)

图1-9　用丁字尺和三角板作倾斜的平行线和垂直线

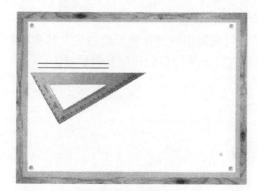

(a)不得用单支三角板画水平线

(b)三角板不得磨蹭已画好的线条

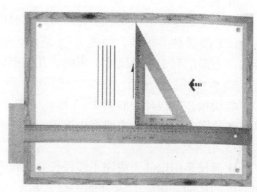

(c)线条在左侧三角板不得自右往左推移

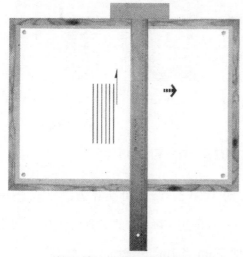

(d)不得用丁字尺在图板上下两端作垂直线

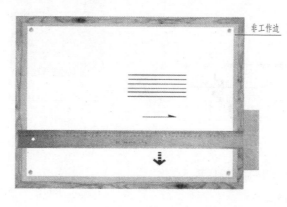

(e)不得用丁字尺在图板的右侧作平行线

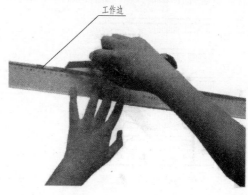

(f)不得用丁字尺工作边裁图纸

图 1-10 丁字尺和三角板的错误用法

7

5．模板

（1）模板是辅助作图的工具，可提高制图的效率和质量。

（2）模板种类很多，如图1-1所示，有工程、家具、通用等样式，上面刻有常用的尺寸、角度、几何形以及专业用的图形等。

6．曲线板、曲线尺

曲线板、曲线尺，如图1-1所示，是绘制不同半径曲率的工具，在绘图中不规则的曲线都应该用曲线板或曲线尺来绘制。

7．比例尺

比例尺是用以放大或缩小线段长短的尺子，尺身有六种不同比例刻度的尺面，如图1-1和图1-11所示。

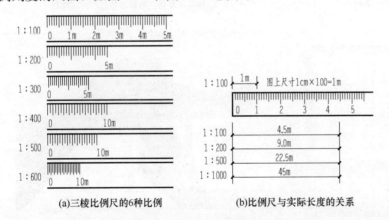

(a)三棱比例尺的6种比例　　(b)比例尺与实际长度的关系

图1-11　比例尺与实际长度的关系

比例尺与实长的比例关系以1m长的物体为例：

（1）如画成1：100的图形，即用实际1m的1/100就可以表示1m的实物，在图纸上可以用1：100的尺面直接测量，并可读出数据。

（2）如画成1：10的图形，即用实际1m的1/10就可以表示

1m的实物，测量时比例尺没有1：10的尺面可以用1：100的尺面，但是要以尺面刻度为10m的位置当1m。

（3）如图1-12所示的门扇是用三种比例尺绘制的，其实际尺寸为：1m×2.1m。理解和领会三种门扇的比例及测量方法。

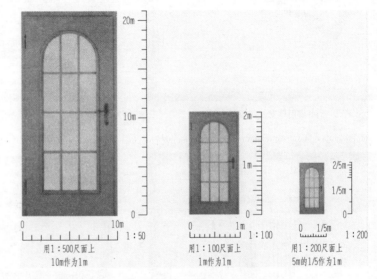

图1-12　同规格门扇的不同比例图样

1：50即用实际1m的1/50当1m，可换算为：$\dfrac{1000mm}{50}=$20mm，即2cm当1m，1：200即用实际1m的1/200当1m，可换算为：$\dfrac{1000mm}{200}=5mm$，即5mm当1m。

全部图纸都要采用一种比例是不可能满足各种图形的要求的，必须根据设计的具体内容，例如节点详图等，须选择恰当的比例配置，见表1-1。

表 1 - 1

图　名	常用比例	
节点剖面图	1：50	1：100
详图	1：1	1：2
	1：4	1：5
	1：10	1：20
	1：40	1：50

8. 圆规

圆规是绘制圆或圆弧的工具，有大小圆规、弹簧圆规等，如图 1 - 1 和图 1 - 13 所示。

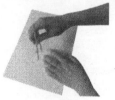

(a)先找准圆心　　(b)再按顺时针方向作圆　(c)画大圆时应使规角尽量垂直于纸面

图 1 - 13　圆规的使用

9. 分规

分规是截取线段、量取尺寸、等分直线和圆弧的工具，如图 1 - 14 所示。

10. 绘图铅笔

（1）绘图铅笔铅芯规格的软硬等级与用途如图 1 - 15 所示。

（2）自动铅笔铅芯的规格有 0.5mm、0.7mm、0.9mm 三种，硬度相当于 HB。

(a)分规的松紧要适中　　(b)用分规量取尺寸　　(c)用分规等分线段

图 1 - 14　分规的使用

图 1 - 15　绘图铅笔的软硬等级与用途

11. 直线笔

（1）直线笔也称针管笔，笔头由针管、重针和连接件组成，如图 1 - 16 所示。

（2）制图需粗、中、细三种不同管径相组合的直线笔，其组合关系，见表 1 - 2。

表 1 - 2

组　别	线宽比		
1	1.0	0.5	0.35
2	0.7	0.35	0.25
3	0.5	0.25	0.18

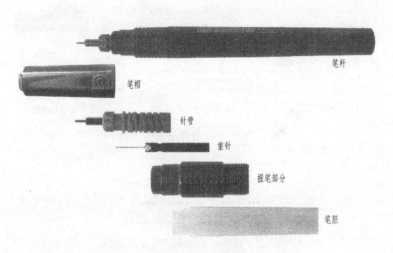

图 1-16 直线笔

（3）直线笔可以用附件连接圆规作圆及圆弧，也可以连接附件配合模板作图，如图 1-17 所示。

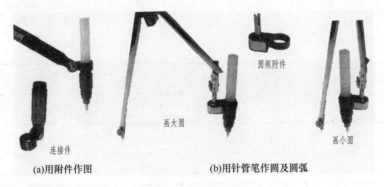

(a)用附件作图　　　　　(b)用针管笔作圆及圆弧

图 1-17 直线笔作图

二、铅笔线、墨线

1. 铅笔线

（1）铅笔线画图，应注意铅芯的软硬程度：

打底稿常用 2H、3H、4H 铅笔。

加深常用 H、HB、B 铅笔。

画草图常用 2B 以上铅笔。

（2）画线方式。

垂直线通常从下往上，如图 1-8（c）所示。

水平线通常从左往右画，如图 1-8（b）所示。

这样符合人们的生理要求，即符合人体工程学。

（3）画长线时可转动铅笔保持线条粗细均匀，如图 1-18 所示。

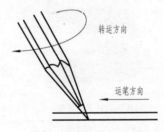

图 1-18 转动铅笔

（4）线条接头注意准确，如图 1-19 所示。

图 1-19 直线交接

2. 墨线

（1）涂墨线之前，先画铅笔草图稿，后画墨线。

（2）画墨线时，直线笔要垂直纸面，并紧靠尺边，要使斜坡在下，如图 1-20 所示。

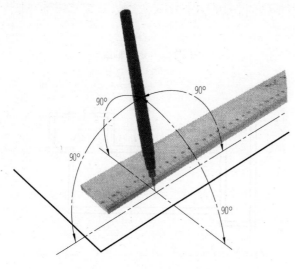

图 1-20　直线笔的使用

（3）画线顺序：先曲线，后直线；先左上，后右下；先细线，后粗线。

（4）画粗线先定稿线，再以稿线为中心线，不应以稿线为粗线的边线，当稿线过近时方可将墨线向外侧画出粗线，如图 1-21 所示。

三、图线类型

线的类型有实线、虚线、点画线和折断线等，根据其形态差异在制图中有不同的用途和含义，如图 1-22 所示。

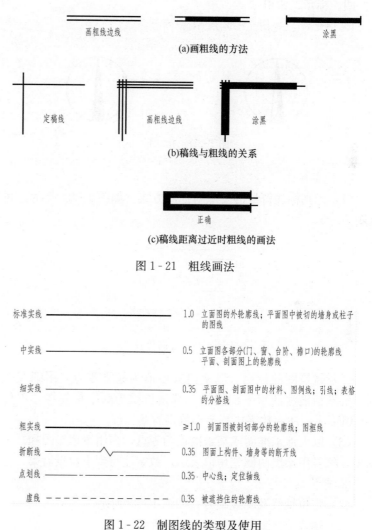

图 1-21　粗线画法

图 1-22　制图线的类型及使用

四、标示、索引

1. 指北针,如图 1-23 所示。

图 1-23 指北针

2. 标高标注

(1) 标高标注符号的要求与标注方式,如图 1-24 所示,并参见图 1-25。

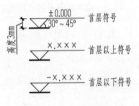

图 1-24 标高符号

(2) 建筑图的标高,以室内首层值为起算零点,用细实线绘制,尖端指被注的水平面线,上端延长线为数字标注线,单位为 mm 但不应标注,数字要写至小数点后第三位。

(3) 以大地水准面或某水准点为零点,多用于地形图和总平面图中,符号用涂黑的倒三角形表示,数字注写到小数点后第三位。

3. 定位轴线标示

(1) 定位轴线及轴线编号,如图 1-25 所示。

(2) 轴线分区编号,如图 1-26 所示。

(3) 折线形轴线编号,如图 1-27 所示。

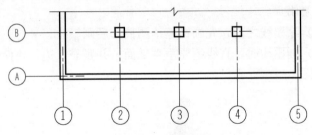

图 1-25 定位轴线

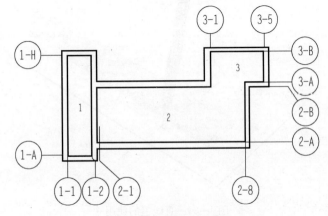

图 1-26 轴线分区编号

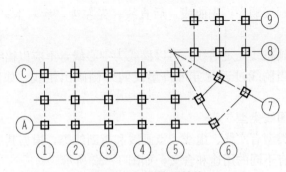

图 1-27 折线形轴线

（4）附加轴线编号，如图 1-28 所示。

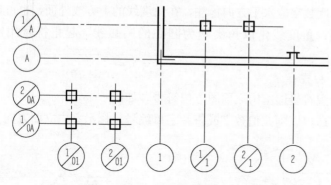

图 1-28　附加轴线

4. 剖切符号，标示如图 1-29 所示。

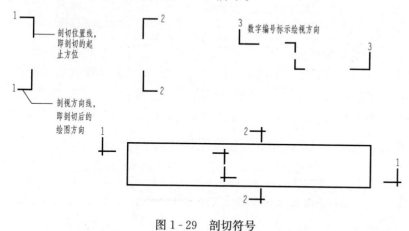

图 1-29　剖切符号

5. 尺度线段标示

标示尺寸以毫米（mm）为单位，但不需要标明单位名称，只写数字即可。

（1）尺寸线的各部名称及规格，如图 1-30 所示。

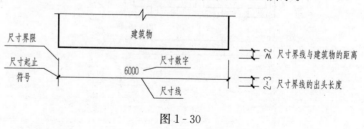

图 1-30

（2）横标尺寸，如图 1-31 所示。

尺寸线过窄时，数据可错开或引出标示。

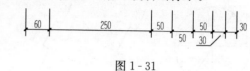

图 1-31

（3）竖标尺寸，如图 1-32 所示。

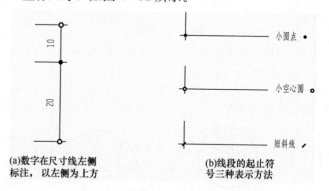

图 1-32

（4）多层尺寸的标注，应由小数据扩展至大数据，不可颠倒。如图 1-33 所示。

13

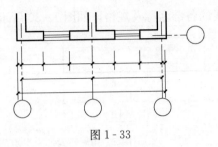

图 1-33

（5）斜线尺寸标注，如图 1-34 所示。

标注数字应尽量避免在 30°以内，无法避免时可引出标注。

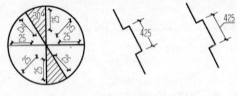

图 1-34

6. 圆弧尺寸标示，如图 1-35 所示。

圆弧标注用箭头作起止符号，R 为半径符号，φ 为直径符号，引出线箭头对准圆心，尺寸常标注在内侧，过大的圆弧尺寸线可用折断线。

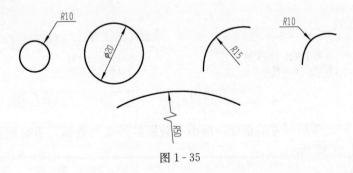

图 1-35

7. 角度标示，如图 1-36 所示。

角度数字应水平方向标注，在角度线的上方或外面，也可以引出标注；角度线是以角尖端为圆心的圆弧线，起止符号用箭头表示。

8. 内视标示

内视符号即室内立面图方位符号，如图 1-37 所示。

空白内以阿拉伯数字或拼音字母编号，标示室内立面方向。

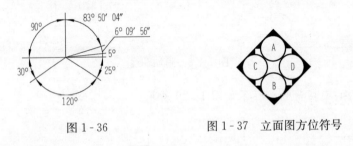

图 1-36　　　　　　图 1-37　立面图方位符号

9. 索引标示

（1）详图编号，如图 1-38 所示。图（a）表示被索引详图在本张图纸；图（b）表示被索引详图在另张图纸，页序为“2”；图（c）为索引标准图标注；图（d）粗细线表示详图剖视方向及剖切位置，见图 3-18（C-01）及图 3-26（C-09）。

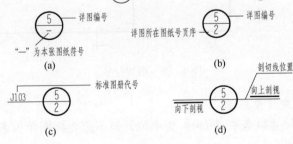

图 1-38

(2) 引出线，如图 1-39（a）、（b）所示。

1）纵向多层构造文字说明由上往下标示。

2）横向多层构造文字说明由左往右标示。

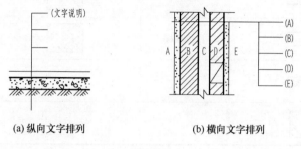

(a) 纵向文字排列　　　　　　(b) 横向文字排列

图 1-39

五、各类图例

图例符号是人们在长期的实践中，所创造的科学性和真实性很强的视觉形象，这些图形生动、直观地反映了建筑与装饰工程中所要表达的物件，具有象形的作用和意义，便于理解和记忆。艺术图形是公众认同的，但是特殊需要的自创符号图例需要加以注解。

制图与识图的关键在于怎样掌握和理解图纸上形象的图例、说明文字及数据间的关系。本节重点揭示符号图例所涵盖的内容，见表 1-3～表 1-8 所示和图 1-40～图 1-44 所示。

表 1-3　　　　**建 筑 材 料 图 例**

名称	图　　例	名称	图　　例
自然土壤		混凝土	

名称	图　　例	名称	图　　例
夯实土壤		焦渣、矿渣	
砂、灰土		砖石料	
砂、砾石、碎砖三合土		多孔材料或耐火砖	
天然石材		饰面砖	
方整石		石膏板	
毛石		木材 横剖	
普通砖		木材 纵剖	
耐火砖		胶合板（不分层数）	
空心砖		纤维材料	

名称	图 例	名称	图 例	名称	图 例
钢筋混凝土	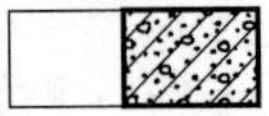	防水材料	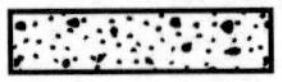	金属网	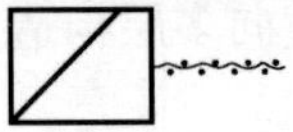
塑料		软质填充料		网纹铁板	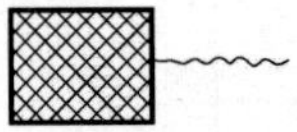
橡胶		玻璃	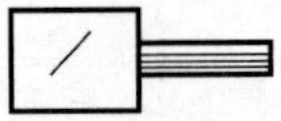		
橡皮		金属			

注　1. 板材断面不用交叉直线符号。

　　2. 木材纵剖时若影响图面清晰，可不画剖面符号。

　　3. 胶合板层数用文字注明，在视图中很薄时可不画剖面符号。

　　4. 基本视图上覆面刨花板、细木工板、空芯板等各覆面部分，均简化画成一条线。

表 1-4　　　　　　　　　　　　　　　　建 筑 构 造 图 例

名称	图 例	名称	图 例	名称	图 例
单层固定窗	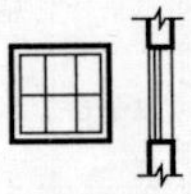	单层内开平开窗	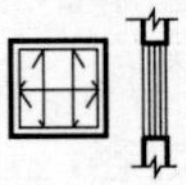	双层内外开上悬窗	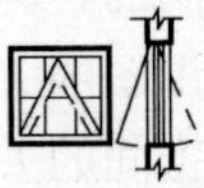
单层外开上悬窗	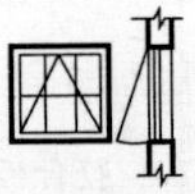	单层中悬窗	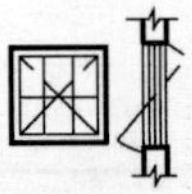	双层内外开平开窗	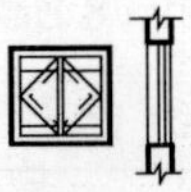
单层内开上悬窗	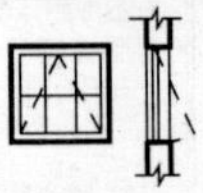	双层固定窗	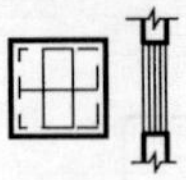	双层有连动杆的窗	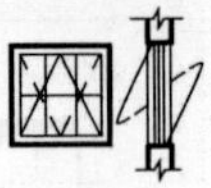
单层外开平开窗	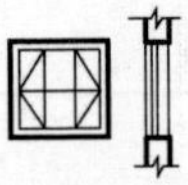	双层外开上悬窗		单扇门	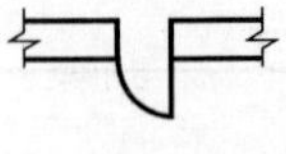

名称	图 例	名称	图 例	名称	图 例
双扇门		对开折门		墙上预留槽	宽×高 槽底标高
双面弹簧门		单扇推拉门		通风道	
楼梯	上 下	双扇推拉门		烟道	
封闭式电梯		内外开双扇门		孔洞	
墙上预留洞	宽×高 或 直径 洞底标高　洞中心标高	卷门		坑槽	加注槽底标高

表 1-5　　　　　　　　　　　　　　客厅、卧室家具及陈设图例

名　称	图　例	名　称	图　例
电脑、笔记本及彩电		单人床、床头柜和台灯	
双人床、床头柜、台灯、 梳妆台与梳妆登		三人及单人沙发、茶几、 矮台桌、大型台灯	
单人床与书桌、椅子		单人沙发	

17

表 1-6　　　　　　　　　各类灯具图例

名　　称	图　　例
灯具：吸顶灯、壁灯、台灯	
轨道灯等	

名　　称	图　　例
草皮	
花坛	

表 1-7　　　　　　　　厨房与卫生间设施图例

名　　称	图　　例
洗手水盆	
冲浪浴盆	
大便器	
煤气灶和水池	

表 1-8　　　　　　　建筑种植符号图案图例

名　　称	图　　例
针叶树（单树）	
阔叶树（单树）	
修剪的树篱	

图 1-40　绿色盆栽

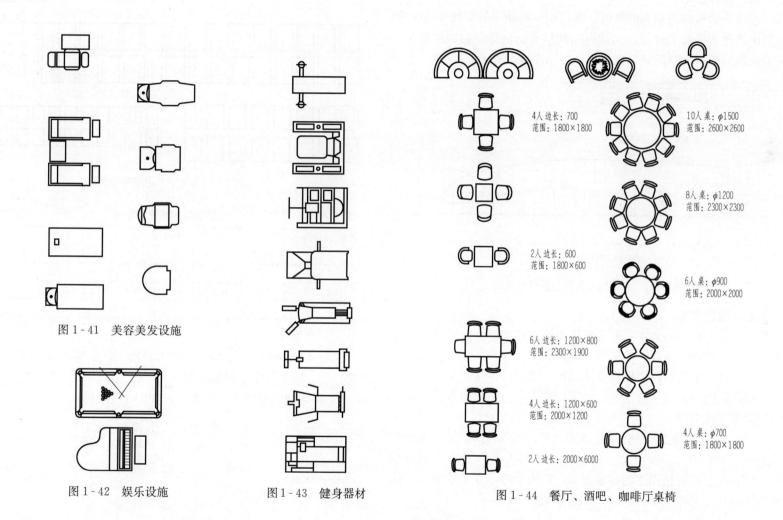

图 1-41 美容美发设施

图 1-42 娱乐设施

图 1-43 健身器材

图 1-44 餐厅、酒吧、咖啡厅桌椅

4人边长：700
范围：1800×1800

10人桌：φ1500
范围：2600×2600

8人桌：φ1200
范围：2300×2300

2人边长：600
范围：1800×600

6人桌：φ900
范围：2000×2000

6人边长：1200×800
范围：2300×1900

4人边长：1200×600
范围：2000×1200

4人桌：φ700
范围：1800×1800

2人边长：2000×6000

六、大样图示

当装饰构件的造型为曲线时，难以用标准制图的绘制方法，可用引出线注明另有大样图，大样图用网格坐标法确定曲线的图形，施工制作时根据大样图纸放大图样，如图1-45所示。

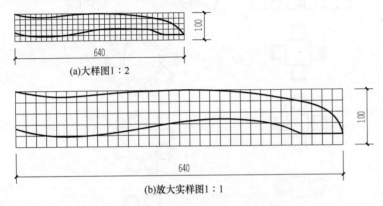

(a)大样图1：2

(b)放大实样图1：1

图1-45 装饰构件大样与实样示意图

七、制图文字

（1）用电脑输入文字，是比较简便的，它代替了徒手书写，使图面整洁、清晰，是理想的书写工具。

（2）徒手书写时，要保持字体端正、清晰、排列整齐。

（3）制图中的文字有三种：汉字、拼音字、阿拉伯数字，适合用长形等线体书写。

（4）书写时先打好字格，高、宽以3：2为宜，行间距离应大于字间距。行间约为字高的1/3，字间约为字高的1/4，如图1-46所示。

（5）汉字的规格用字的高度表示，称为字号，如7号字，其高度为7mm，5号字为5mm等，见表1-9。

（6）汉字都是由横、竖、撇、捺、勾、挑、点基本笔画组成，书写时注意部首和边旁在字格中的比例和位置关系。

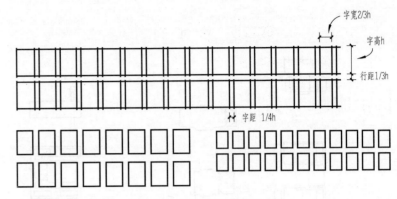

图1-46 文字书写字格比例

表1-9　　　　　　　　　　文字书写字格比例数据

字高（字号）h	20	14	10	7	5	3.5	2.5
字宽2/3h	14	10	7	5	3.5	2.5	1.5
字间1/4h	5	3.5	2.5	1.8	1.3	0.9	0.6
行间1/3h	6.6	4.6	3.3	2.3	1.7	1.2	0.8

注　设字高h=1。

（7）汉字的间架结构应平稳匀称，主要笔画应顶格，但像"国、围、图"等字形四周应缩格，"贝、日、月"等应左右缩格，注意笔画之间的穿插和避让关系，如图1-47所示。

总平立剖面图比例出入口
客餐厅书房卧室厨卫生间
储藏阳台走道天棚地面墙
壁门窗吊灯桌椅柜沙发茶
几电视机木材不锈钢玻璃

图1-47 3：2长仿宋体汉字

第二节 几 何 制 图

按已知条件，作所需要的几何图形，称为几何制图。室内空间的装饰设计，就是以点、线、面、体的组合来展现物件造型的。掌握几何制图的基本方法，可以提高制图的能力和质量。

一、几何制图概念

本节的几何制图概念，其实质是几何学的定理，用简练的专业语言和图形来概括定理，浅显易懂。

(1) 角的组成名称，如图 1-48 所示。

(2) 垂直线，如图 1-49 所示。

两直线的夹角为 $90°$，一线即为另一线的垂直线，垂直的符号为"⊥"。

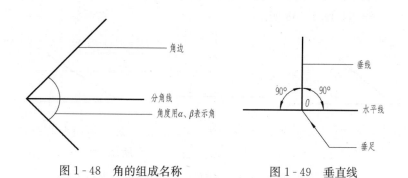

图 1-48 角的组成名称　　　图 1-49 垂直线

(3) 平行线，如图 1-50 所示。

两直线在平面内永不相交，一线即为另一线的平行线，平行的符号为"∥"。

(4) 长方形（矩形），如图 1-51 所示。

长方形 $ABCD$，各角为 $90°$，$AC=BD$，且为对角线。

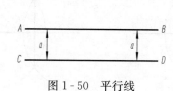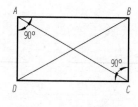

图 1-50 平行线　　　　图 1-51 长方形

(5) 平行四边形，如图 1-52 所示。

平行四边形 $ABCD$，$AB\parallel CD$，$AD\parallel BC$，AC、BD 为对角线，并互相平分。

(6) 菱形，如图 1-53 所示。

$AB\parallel CD$，$AD\parallel BC$，$AB=BC=CD=AD$。

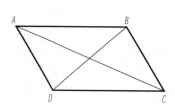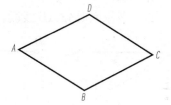

图 1-52 平行四边形　　　图 1-53 菱形

(7) 梯形，如图 1-54 所示。

$AB\parallel CD$，AC、BD 为对角线，若 $AD=BC$ 则为等腰梯形。

二、几何制图步骤

1. 已知：线段 AB；

求作：垂直平分线。

作图如图 1-55 所示。

2. 已知：线段 AB；

求作：任意等分线段。

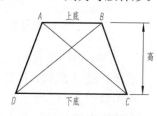

图 1-54 梯形

21

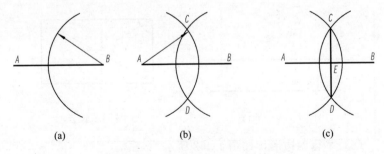

(a)　　　　　　　　(b)　　　　　　　　(c)

图 1 - 55

(a) 以 B 为圆心，大于 1/2AB 为 R 半径作弧；

(b) 以 A 为圆心，以 R 为半径作弧，两弧交于 C、D 点；

(c) 连 CD、交 AB 于 E，E 为 AB 中点，线段 CD 为 AB 的垂直平分线

作图如图 1 - 56 所示。

设：要求六等分 AB 线段。

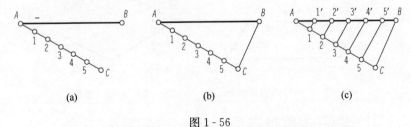

(a)　　　　　　　　(b)　　　　　　　　(c)

图 1 - 56

(a) 自 A 点引一适宜直线 AC，用比例尺量取为 6 等段；

(b) 连接 CB；(c) 自各分点 1、2、3……作平行于 CB，
与 AB 线相交于 1′、2′、3′……即为诸等分点

3. 已知：AB 线段；

求作：过 A 点做 AB 的垂直线。

作图如图 1 - 57 所示。

在施工现场放线、放大样做垂直线及 ∠45°、∠30° 线常用上述

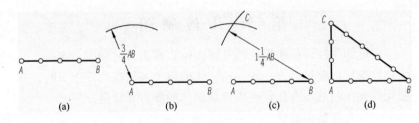

(a)　　　　(b)　　　　(c)　　　　(d)

图 1 - 57

(a) 将 AB 线段分为四等分；(b) 以 A 为圆心，取三分为半径作弧；

(c) 以 B 为圆心，取五分为半径作弧，两弧交于 C 点；

(d) 连接 CA，即为过 A 点且垂直于 AB 的直线

做图法。

4. 已知：∠CAB；

求作：另一角等于已知角。

作图如图 1 - 58 所示。

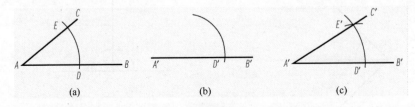

(a)　　　　　　(b)　　　　　　(c)

图 1 - 58

(a) 以 A 为圆心，适宜半径作弧，交 AB 于 D，交 AC 于 E；

(b) 作直线 A′B′，以 A′ 为圆心，AD 为半径作弧，交 A′B′ 于 D′；

(c) 以 D′ 为圆心，ED 为半径作弧，两弧交于 E′；连 A′E′ 则 ∠C′A′B′=∠CAB

5. 已知：∠AOB；

求作：两等分角度。

作图如图 1 - 59 所示。

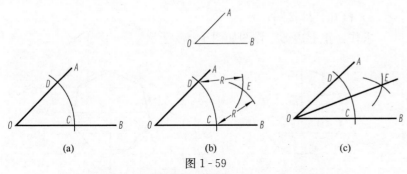

图 1-59

(a) 以 O 为圆心，适宜长为半径作弧，交 OB 于 C，交 OA 于 D；

(b) 各以 C、D 为圆心，以相同半径 R 作弧，两弧交于 E；

(c) 连 OE，即为所求之分角线

6. 已知：边长 I_1、I_2、I_3；

求作：三角形。

作图如图 1-60 所示。

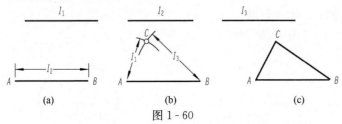

图 1-60

(a) 作直线 AB 等于边长 I_2；(b) 以 A 为圆心，I_1 为半径作弧，

以 B 为圆心，I_3 为半径作弧，两弧交于 C；(c) 连 AC、BC，

则 △ABC 为所求的三角形

7. 作圆弧相切两已知直线

1) 已知：两直线 AB、AC 成直角，圆角半径为 R；

求作：直线 AB、AC 的相切圆弧。

作图如图 1-61 所示。

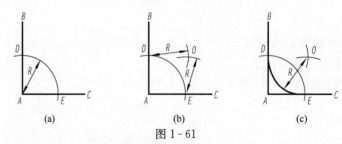

图 1-61

(a) 以 A 为圆心，R 为半径作弧与 AB、AC 交于 D、E 两点；

(b) 以 D 及 E 为圆心，R 为半径各作弧，两弧交于 O；

(c) 以 O 为圆心，R 为半径自 D 至 E 作圆弧

2) 已知：两直线 AB、CD 成锐角，相切弧的半径为 R；

求作：相切圆弧。

作图如图 1-62 所示。

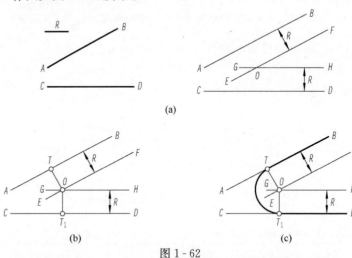

图 1-62

(a) 作两直线 EF、GH 平行于已知两直线 AB、CD，且使距离各等于 R，

EF 与 GH 交于 O 点；(b) 自 O 引两直线垂直于 AB 及 CD，得交点 T 及 T_1，

即为圆弧与直线的相切点；(c) 以 O 为圆心，R 为半径，从 T 点至 T_1 点作连接弧

8. 求作正（近似）多边形

1) 已知：外接圆；
   求作：正五边形。
   作图如图1-63所示。

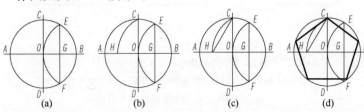

图 1-63

(a) 画出外接圆及相互垂直的直径 *AB*、*CD*，以 *B* 为圆心，*OB* 为半径作弧，
交圆周于 *EF* 两点，连接 *EF*，交 *OB* 于 *G* 点；(b) 以 *G* 为圆心，*GC* 为半径
作弧，交 *OA* 于 *H* 点；(c) 连接 *CH*，*CH* 即正五边形之边长；
(d) 以 *CH* 为边长截分圆周为五等分，依次连接各分点即得圆内接正五边形

2) 已知：外接圆；
   求作：正六边形。
   作图如图1-64所示。

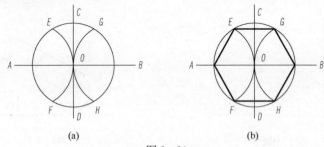

图 1-64

(a) 画出外接圆及互相垂直的直径 *AB*、*CD*，以 *A*、*B* 为圆心，
OA 为半径作弧，交圆周于 *E*、*F*、*G*、*H* 四点；
(b) 连接 *AF*、*FH*、*HB*、*BG*、*GE*、*EA* 即得圆内接正六边形

3) 已知：外接圆；
   求作：正七边形。作图如图1-65所示。

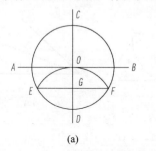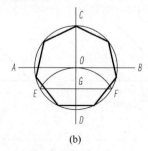

图 1-65

(a) 画出外接圆及互相垂直的直径 *AB*、*CD*，以 *D* 为圆心，*OD* 为半径作弧，
交圆周于 *E*、*F* 两点，连接 *EF* 交 *OD* 于 *G* 点；
(b) 以 *GF* 长截取圆周，连接各截点，求得圆内接正七边形

4) 已知：外接圆；
   求作：正九边形。
   作图如图1-66所示。

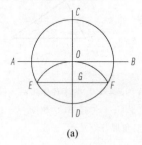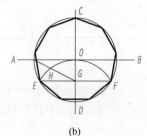

图 1-66

(a) 画出外接圆及互相垂直的直径 *AB*、*CD*，以 *D* 为圆心，*OD* 为半径作弧，
交圆周于 *E*、*F* 两点，连接 *EF* 交于 *G* 点；
(b) 连接 *AG* 交于 *H* 点，以 *GH* 长截取圆周，交于各截取点，
连接各点，求得圆内接正九边形

9. 求作椭圆形

1) 已知：长轴 AB，短轴 CD；

求作：椭圆形。作图如图 1-67 所示。

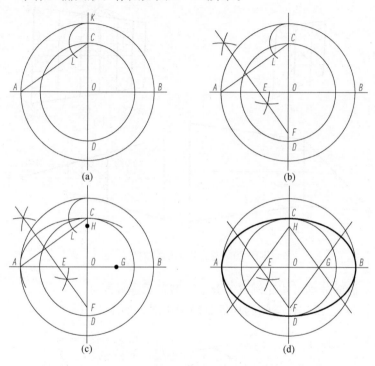

图 1-67

(a) 长轴 AB、短轴 CD，互相垂直平分，交点为 O。以 AB、CD 为直径作同心圆。连接 AC，再以 C 为圆心，$OK-OC=CK$ 为半径作弧，交 AC 于 L 点；

(b) 作 AL 的垂直平分线，交 AB 于 E，交 CD 于 F；

(c) 以 F 为圆心，FC 为半径作弧，再以 E 为圆心，EA 为半径作弧，两弧连接，为所求椭圆的 1/4。同理在长轴及短轴上求得 E、F 之对称点，G、H 两点；

(d) 以 H 为圆心，HD 为半径作弧，以 G 为圆心，GB 为半径作弧，两弧连接同理类推，即为所求之近似椭圆

2) 已知：两圆的半径为 R 及 R_1，两圆心距离为 OO_1，相切两圆的半径为 R_2。

求作：相切两圆的圆弧。作图如图 1-68 所示。

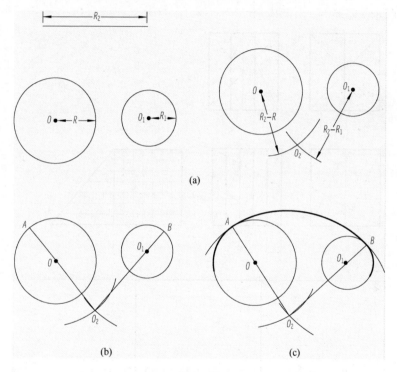

图 1-68

(a) 以 O 为圆心，R_2-R 为半径作弧，以 O_1 为圆心，R_2-R_1 为半径作弧，两弧交于 O_2；

(b) 从 O_2 点作两直线过圆心 O 及 O_1，此两直线交于两圆于 A、B 两点；

(c) 以 O_2 为圆心，R_2 为半径，从 A 点至 B 点作连接弧

10. 矩形相等分割与扩展

1）矩形分割与扩展是利用对角线相等分割与扩展，如图1-69所示，也可参阅本章任意等分线段的方法等分矩形，如图1-56所示。

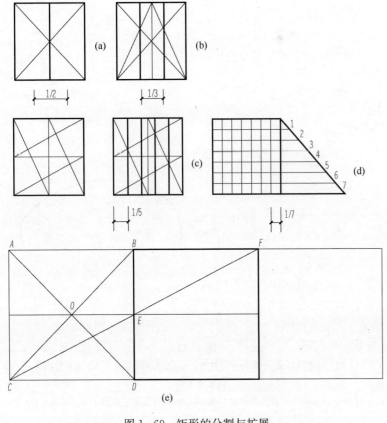

图1-69　矩形的分割与扩展

2）透视矩形相等分割与扩展，如图1-70所示。

若竖向分割，先将左、右边相等分割连线与对角线之交点引垂直线即可，如图1-70（a）、（b）所示。

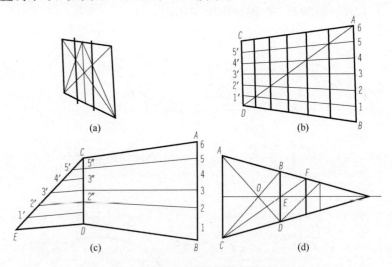

图1-70　透视矩形的分割与扩展

横向分割可按比例或等分上下截取后连线即可。

3）三维实体空间的相等分割和扩展，如图1-71所示。

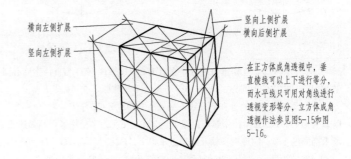

图1-71　用对角线分割与扩展

11. 正圆透视图

在正方透视形中，利用定点求圆的方法绘制透视圆。

1) 三种正方形定点作圆，如图 1-72 所示。

2) 以第三种方法为例定点求作透视图，如图 1-73 所示。

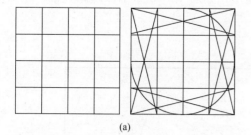

(a)

等分线与接近边缘对角线的交点，为所求之八点。连接即可成圆。

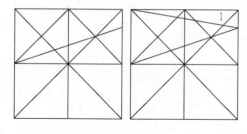

首先作出第一点，再作出相应的第二点，画第1、2两点的垂直线与正方形的对角线相交第3、4两点，再将八点连成圆形。

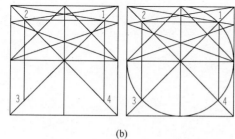

(b)

图 1-72　正方形定点作圆（一）

（a）第一种方法图；（b）第二种方法图

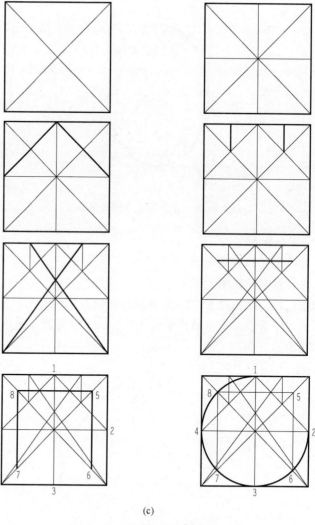

(c)

图 1-72　正方形定点作圆（二）

（c）第三种方法图

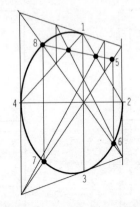

图 1-73　正方形定点作透视圆

12. 黄金矩形

已知：ABCD 正方形；

求作：黄金比矩形。

作图：作 CD 中点 E，以 E 为圆心 EA 为 R，画弧，交 CD 延长线于 F，作垂线，交于 AB 延长线 G，BCFG 为黄金比矩形，如图 1-74 所示，BC：CF＝1：1.618。

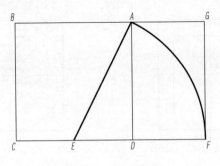

图 1-74　黄金矩形

13. 平方根矩形

已知：ABCD 正方形；

求作：平方根矩形。

作图：以 C 为圆心，CA 为 R 画弧，交 CD 延长线于 E，作垂线交 F，BCEF 为 $\sqrt{2}$ 矩形，如图 1-75 所示。以此类推，作出 $\sqrt{3}$，$\sqrt{4}$…，$\sqrt{n}$ 矩形。

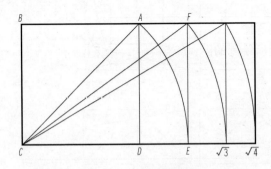

图 1-75　平方根矩形

第二章 投 影 图

第一节 投影图概念

一、投影

光线投射到物体上便产生影子，称投影，如图2-1所示。

二、投影图

用投影所绘制的图形称投影图，如图2-2所示。

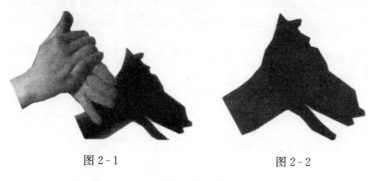

图2-1   图2-2

三、投影分类

投影分为中心投影和平行投影。

（1）中心投影。由一点放射的投影线、使物体产生的投影，即中心投影见图2-3，主要用于透视图和透视阴影。

图形具有较强的真实性，但反映不出物体的真实尺寸和准确的形状，立体感虽强，但是不能作为工程图，只可作效果图。

（2）平行投影。由设想互相平行的投影线使物体产生的投影，即平行投影，如图2-4所示。

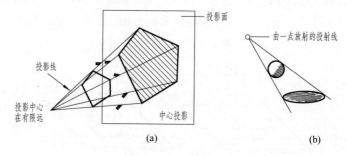

图2-3 中心投影示意图

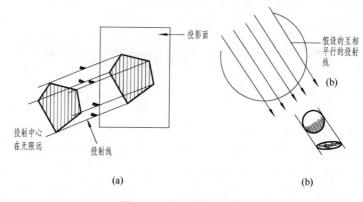

图2-4 平行投影示意图

（3）平行投影根据投射线的角度关系，又分为正投影和斜投影，如图2-5所示。

1）正投影图——当平行投射线与投影面相垂直时，产生的投影称为正投影，所绘的图称为正投影图，又称基本视图。它能反映物体各个面的实际形状和大小。

2）斜投影——当平行投射线与投影面斜交时，产生物体的投影为斜投影，亦称轴测图。它画法简便，有立体感，各部线段能反映实际尺寸，可以直接量度，适合作正投影图的辅助图形，即轴测图。

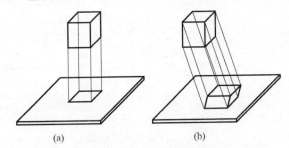

图 2-5　正投影和斜投影
（a）正投影；（b）斜投影

第二节　正投影图　三视正投影图组合关系

一、三面正投影图形成

施工制图要解决的问题，是怎样将立体实物的形状和尺寸，准确地反映在平面图纸上。正投影图只能表现出物体的一个方位的形状，不能表现全部的形状。如果将物体放在三个相互垂直的投影面之间，用分别垂直于三个投影面的平行投影，即可得到三个正投影图。如图 2-6 所示。组合起来，便可以反映出物体的全部形状和大小。

二、投射线、投影图关系

（1）平行投射线，由前向后，垂直 V 面所产生的投影称正投影图。

（2）平行投射线，由上向下，垂直 H 面所产生的投影称水平投影图。

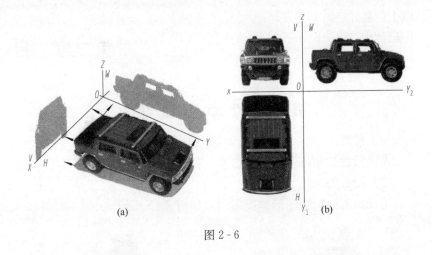

图 2-6

（3）平行投射线，由左向右，垂直 W 面所产生的投影称侧投影图。

（4）三个互相垂直的投影面相交的三条棱线称为投影轴，OX、OZ、OY 是相互垂直的轴线。如图 2-7 所示。

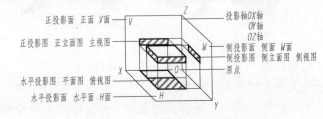

图 2-7　三面投影图及各部名称

（5）投影面的展开。

图 2-7 中的三个投影图，是在设想的三维空间中互相垂直的投影面上。但是在绘制施工图时，必须将它们转移到二维的平面上，所以把三个互相垂直的平面展开后，三个投影图便能放置在一张图

纸上。展开后的三条投影轴成为互相垂直的十字形轴线,所形成的图形称为三视图,如图2-8所示。三视图是设计领域里施工图的最基本的表现方式,如建筑与室内设计的平、立、剖面图即是三视图。

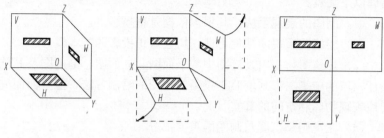

图2-8 投影面展开

三、三面正投影图绘制

三面正投影图的绘制如图2-9所示。

制图中只要把握三个投影之间的正确关系,图形与轴线的距离可做适当安排。在工程图中一般不画投影轴,各投影图的位置,可以灵活安排,也可将各投影图绘在不同的图纸上。

(1) 正投影图特点:

1) 采用平行投射线。

2) 投射线垂直于投影面。

3) 投射线可以透过物体。

4) 三个投影图表示一个物体,它们之间具有长、宽、高相应的对等关系,如图2-9所示。

(2) 三面正投影图的三种画法:

三面正投影图的三种画法如图2-10所示。

1) 正投影与水平投影等长。

2) 正投影与侧投影等高。

3) 水平投影与侧投影等宽。

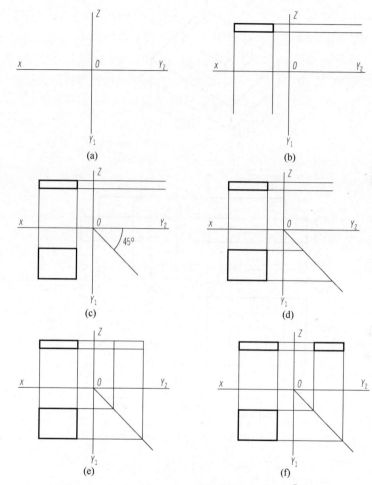

图2-9 三视图绘制步骤

(a) 定出投影轴;(b) 作正投影图,向下作垂直线、向右作水平线;
(c) 向下作水平投影图,并由 O 点作倾斜45°线;(d) 由水平投影图向右引水平线
交于45°线;(e) 由45°线交点向上引垂直线;(f) 将水平投影的宽度,
反映到侧投影图上,完成三视图绘制

31

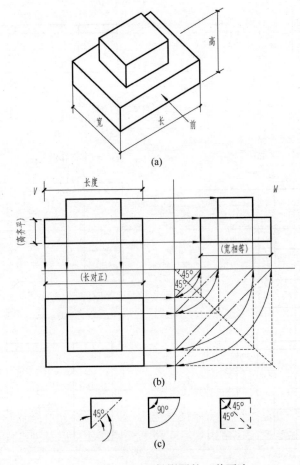

（a）

（b）

（c）

图 2-10　三面正投影图的三种画法

（a）三视图实体；（b）三种绘制方法用短虚线、细实线和点画线表示；

（c）水平投影图与侧投影图，宽度相等关系三种绘制方法的线型

四、三视图实例

三视图易于表现物体的单体，实例见图 2-11，是绘制的普通

办公桌雏形——三视图。三视图充分、完整地体现了正投影图的规范和特点，但需进一步刻画细部。

本章所涉及的投影图和三视图的原理及做法，其深层的目的要明确以下几点：

（1）制图的表现手法，其根本依据是正投影。

（2）要扭转透视的视觉习惯，树立对正投影的基本概念。

（3）建筑图与室内设计图中的平面图、立面图、剖面图及其他设计领域的施工图都是依照正投影三视图的绘制方法，能全面而完整地表现物体和空间的真实状况。

（4）三视图是识图与制图的重要部分。

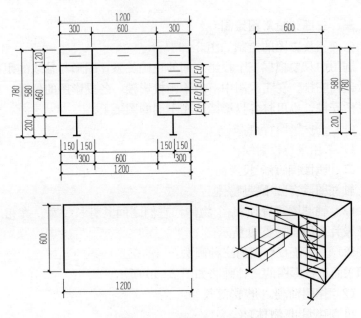

图 2-11　三视图——办公桌

第三节 轴 测 图

一、轴测图概念

轴测图是由三个面的正投影在一个平面上的展现，可反映空间物体在投影面上的完整状态，即物体在空间的三维图形，这种制图的方法，称为轴测投影，所形成的图形，称为轴测图，如图 2-12 所示。

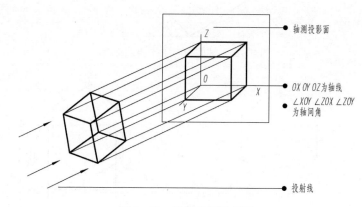

图 2-12 轴测投影示意图

二、轴测图特点

轴测图具有如下特点：

（1）轴测图具有独特而又新颖的视觉形象，能够客观、科学地反映设计内容，如空间平面的物体位置和立面的造型及物与物之间的关系等。如图 2-13 和图 2-14 所示的是平面图与轴测图的相互对照关系。

（2）作图简便，形成视觉形象快，反映物体的实际尺度和比例，可直接量度物体的长、宽、高的真实尺寸，具有很强的立体感。

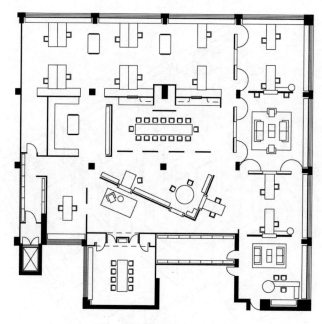

图 2-13 室内空间平面图

（3）轴测图可以用来研究深化空间设计，给空间设计、创意构思的提高和完善提供真实的三维空间模型。

（4）没有近大远小的透视变化，与人眼的视觉习惯较有差异。

（5）轴测图表现室内空间不包括天棚部分，但可创造性地利用其他表现形式。

三、轴测图选择

轴测图的绘制方法很多，其中最简便而快捷的方法有两种：一种是用同一比例，而长、宽、高的尺度不变；另一种为长和高的数据不变，但进深宽度要调整。这两种绘制方法被广泛地运用于空间设计中。

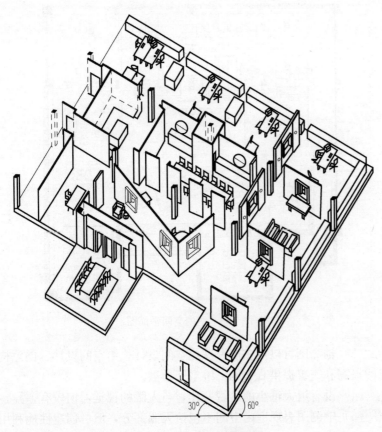

图 2-14 室内空间轴测图

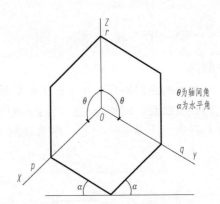

图 2-15 轴间角与水平角的概念

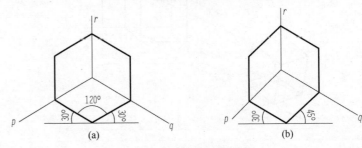

图 2-16 正等轴测图

$r=p=q=1$

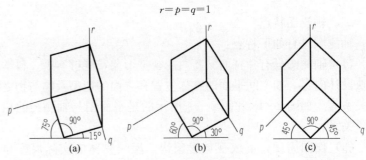

图 2-17 水平斜轴测图

$r=p=q=1$

1. 不变数据的轴测图

不变数据，即指所表现物体的三维尺度和比例不变，标注方式为 $r=p=q=1$，如图 2-15~图 2-17 所示。

（1）正等轴测图特点：

1）两水平角都为30°，庄重、稳定，但是呆板。

2）将水平角改为30°和45°使图形变得活泼而有动态感。

（2）水平斜轴测图特点：

1）此类图形的平面夹角皆为90°。

2）反映实形，适合表现平面复杂的设计内容。

2. 调整数据的轴测图

此类型，只是改变 q 向轴的数据，标注方式为 $r=p=1$，$q=x$，如图 2-18 所示。又如图（a）$q=0.75$ 假定 q 的实际数值为 5，那么在绘制轴测图时的 q 应为 $5 \times 0.75 = 3.75$，r、p 的实际数值不变。

此类图形展现正立面的实形，适合绘制完整、准确、复杂、真实的正立面图。

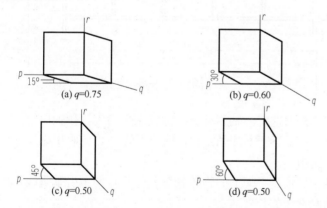

(a) $q=0.75$ (b) $q=0.60$

(c) $q=0.50$ (d) $q=0.50$

图 2-18 立面斜二等轴测图

$r=p=1$ p，r 夹角 90°   水平角 0°，另一水平角 15°、30°、45°、60°

四、轴测图绘制

1. 绘制步骤

（1）绘制室内空间的平面图、立面图及家具的三视图。

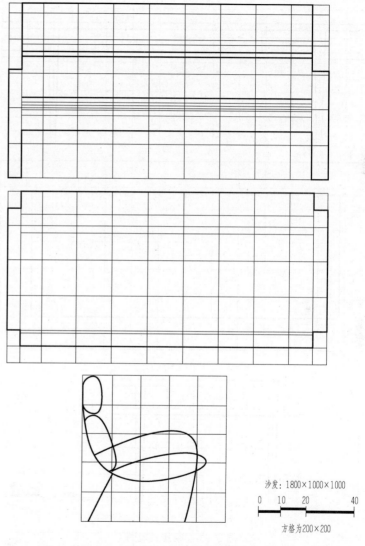

沙发：$1800 \times 1000 \times 1000$

0　10　20　　　　40

方格为 200×200

图 2-19 沙发三视图

35

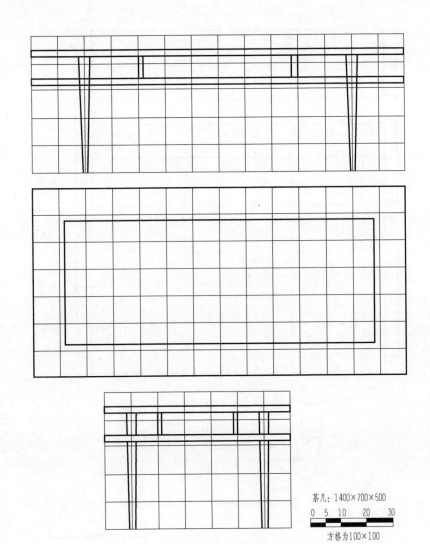

茶几: 1400×700×500

0 5 10   20   30

方格为100×100

图 2-20 茶几三视图

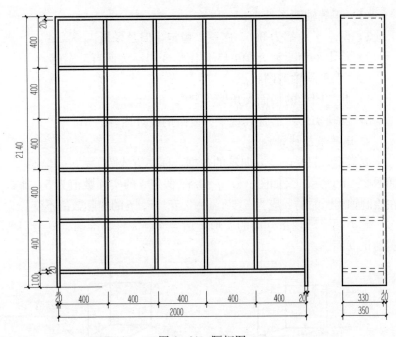

图 2-21 隔柜图

（2）根据选定的轴测种类，确定水平角度，作轴向线。

（3）作平行于 OX 轴和 OY 轴的直线，并量取相应尺寸，完成轴测平面图。

（4）从轴测平面上的物体轮廓各转折点向上引垂直线，按设定尺度截取垂线的长度。

（5）连接截取垂线的各点，完成家具的基本形状。

（6）依前后关系，擦掉辅助图线，加深轮廓，刻画细部，完成轴测图。

2. 轴测图实例

设：室内空间为5m×5m×2.8m。

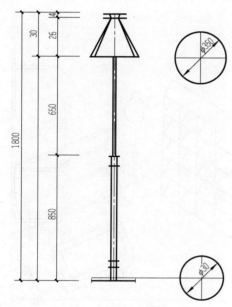

图 2-22 地灯图

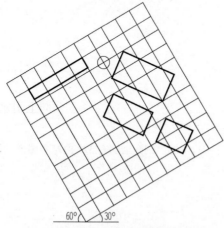

图 2-23 室内平面图

已知：家具的造型及尺寸，如图 2-19～图 2-22 所示。

求作：室内轴测图。

（1）作室内平面图，如图 2-23 所示。

（2）将平面图在水平线上扭转，使其水平角度为 30°和 60°的斜投影。

（3）向上作已知家具高度的垂直线，如图 2-24 所示。

（4）绘出各关键部位的图形——按网格法参阅本书第五章第三节方网格法（1）、（2）及图 5-6（a）、（b）绘制设定的沙发侧视形

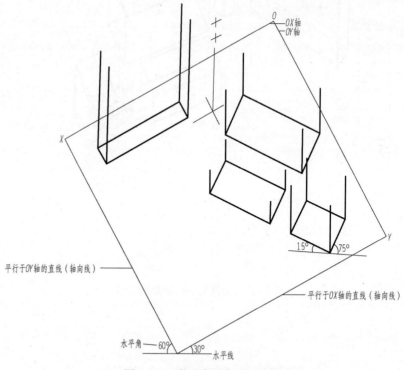

图 2-24 截取家具高度垂直线

37

体，如图 2-25 所示。

（5）完成室内空间轴测基本图形，如图 2-26 所示。

（6）深入刻画室内空间各细节。

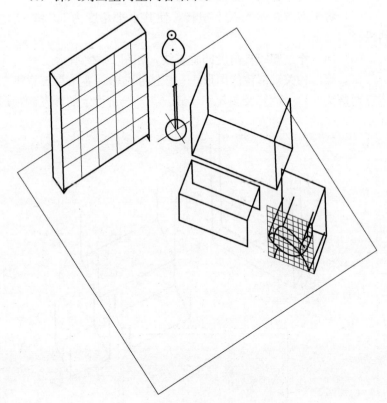

图 2-25　用网格法绘制侧视形体

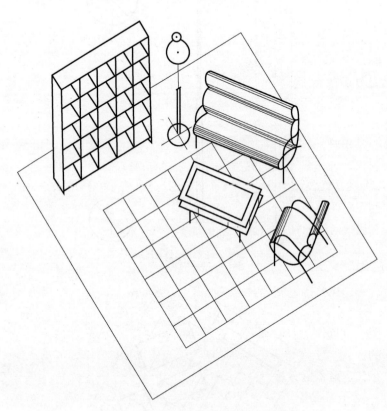

图 2-26　刻画细部完成室内基本图形

第三章　识　　　图

识图比制图容易掌握，正像学驾驶汽车比学修理汽车简单得多一样，制图与识图也是这个道理，所以先学会看图、读图、懂图、识别图，再学制图是合乎逻辑的。

室内装饰设计是建筑设计的延续，所以室内设计师接受装饰设计任务后，首先接触到的就是全套的建筑图纸。看懂建筑图纸并不是很难的问题，因为图纸中所表达的内容完全是很形象的符号图像，通过图纸的直接表达，便可了解建筑的全部内容。建筑图是表示建筑物的内部和外部形状的图纸，有平面图、立面图、剖面图等。

通过对建筑图的分析与解释会很快掌握对图纸的识读方法。

第一节　建筑工程图解析

一、建筑图概念

建筑图是表示房屋内部与外部形状及尺度等的图纸，包括平面图、立面图、剖面图等，这些图纸都是按照客观规律的原理绘制的。

二、建筑图分析

1. 平面图

（1）建筑的平面图是房屋的水平剖视图，即设想一水平面，把房屋的窗台以上部分切除，切面以下部分的水平形态就称为平面图，如图3-1所示。

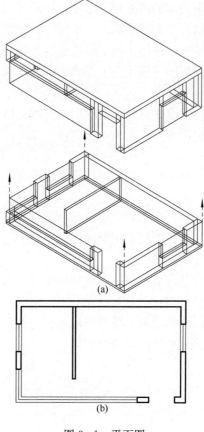

图 3-1　平面图
（a）剖切图；（b）平面图

（2）若一栋多层的楼房，每层布置不同，则每层都应画平面图。若几个楼层平面布置相同，则只画一个标准层的平面图就可以了。

（3）平面图表示房屋占地的面积、内部分隔、墙的厚度、台阶、楼梯以及门窗局部的位置和大小等，如图3-3（a）所示。

（4）平面图的种类有总平面图、平面图、屋顶平面图等，而室内的天花平面图不是仰视图，而是设想透过天花楼板所观察到的布局图形，即镜面投影图（镜子向上仰照而下视的镜面天花图形）。

2. 立面图

建筑的立面图，是一栋建筑物的四周外观造型的图样。按建筑各立面的朝向绘制图形，称为东、南、西、北立面图。立面图主要表明建筑物的外部形状，房间的长、宽、高的尺寸，屋顶的形式，门窗洞口的位置，外墙面装饰的材料及做法等，如图3-2所示。

3. 剖面图

剖面图是以假想的平面，把建筑物沿垂直方向切开，剖切后的相对应的两个正立面投影图称为剖面图。

4. 建筑图的剖立面图

（1）建筑图与室内装饰图中都有剖面图与立面图组合在一起的剖立面图，如图3-3（b）、（c）所示。

（2）剖立面图多为天棚、墙壁和地面被剖切后的形状与结构的断立面，表明层高、墙壁厚度及材料等。

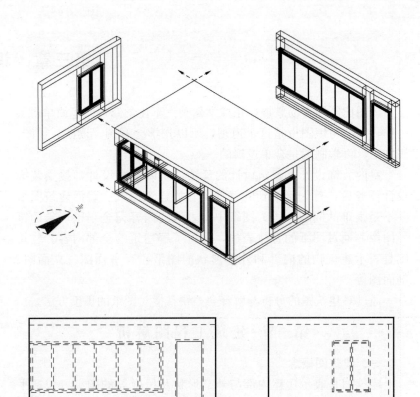

图3-2　建筑外立面图

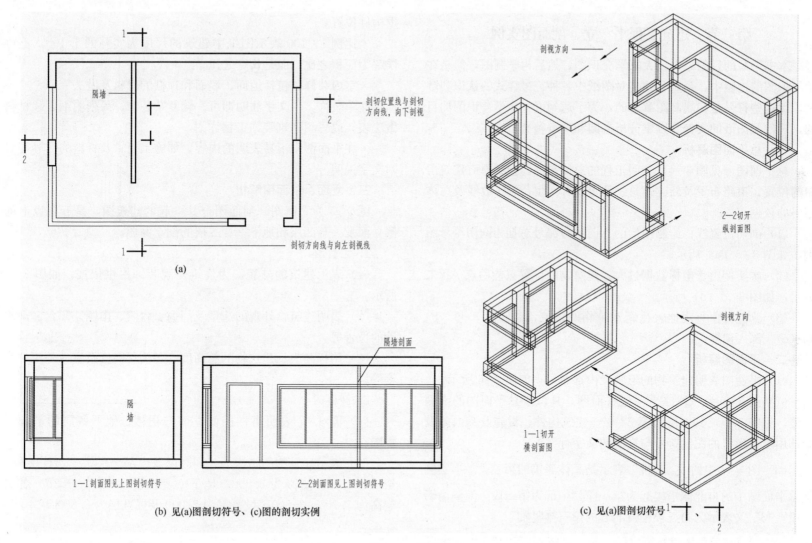

图 3 - 3　剖面图

(a) 建筑平面图；(b) 室内剖立面图；(c) 东西与南北方向剖立面图

第二节 建筑工程平、立、剖面图实例

本书编写的目的是先让大家学会识图，然后再学制图，但是在学习识图的过程中，最重要的是对图纸中各种符号样式的认识和掌握，而这些符号是归属制图章节的，为了达到进一步学会识图的目的，现依照图纸的实例，以供分析参阅和理解领会。

一、总平面图解析

总平面图（见图3-4）表明工程的总体布局，包括原有建筑房屋的位置，道路布置及新建建筑物的定位等，也是施工放线及总体布局的依据。

（1）剖切位置线、绘制图形的方向线与编号总括为剖切符号图例，如图3-5（a）所示。

（2）本实例由于坐标数据过大，建筑物的位置只能用点AB来表示，如图3-5（d）所示。

（3）为能形象直观地表达新建建筑物的定位，参阅图3-5（b）和（e），深入理解。

二、平面图解析

（1）平面图表明建筑物的形状及内部布局，如图3-6所示。

（2）图3-7为三段二十一层平面图，是位于总平面图的南侧塔楼，见图3-4，其楼层为第22层，建筑构件、设施及室内陈设全部用极其形象的图例符号与准确的文字标注。

（3）图3-7中的 $\underset{\text{Ⅲ}}{\textstyle\bigodot{3}}$ "Ⅲ"表示是总体建筑的第三段。本实例是总平面图中的自北侧塔楼起为第一段，中部为第二段，南侧为第三段。"3"又表示为第三段中自北起的第三排竖轴。

- $\underset{\text{Ⅲ}}{\textstyle\bigodot{6a}}$：表示总体建筑第三段，第六排竖轴后的第一排次要承

重构件位置。

- 比例1：100表示图纸中建筑的尺度为实际的1/100，不可误解为面积之比，而是长宽之比。

- 室内装修，包括地面、墙面和顶棚的材料及做法。

简单装饰，用文字注明即可；较复杂装饰，另列明细表和材料做法表，或另画建筑装饰工程详图。

- 在平面图中不易表明的内容，如施工要求及材料的标号需另附文字说明。

三、立面、剖面图解析

图3-7为立面图、剖面图合并一起的建筑图，是五层以上的侧立面及一至四层和地下一、二层的剖立面图。

1. 立面图

（1）表示建筑的外貌，为建筑外观装饰提供依据，如图3-7所示。

（2）表明建筑物外观的造型及门窗、台阶、雨棚、阳台、雨水管的位置等。

（3）用标高表示建筑物的总高度、各楼层高度及室内外地坪高度等。

2. 剖面图

（1）图3-7表明塔楼的侧立面与裙楼、地下各层的剖面结构图。

（2）表示建筑物的结构形式、高度及内部分层状况，首层和2层（1F、2F）层高为3.800，地下一、二层（−1F、−2F）各自层高为3.700、3.500，设备层为2.200及标准层为2.800等。

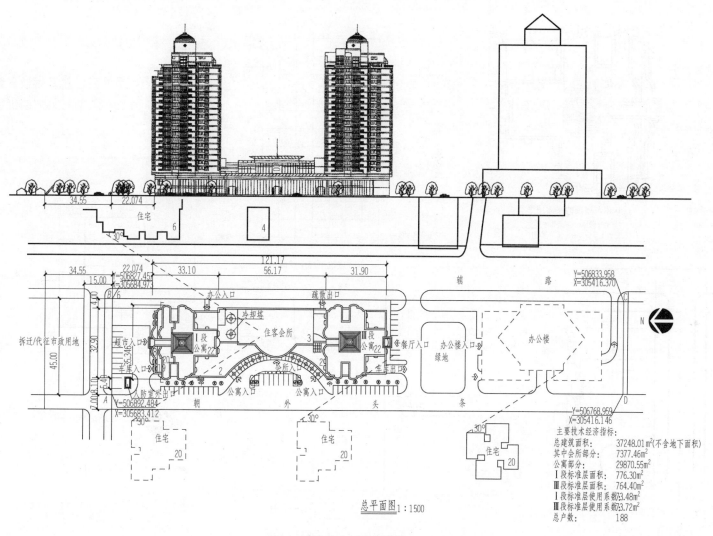

主要技术经济指标：
总建筑面积： 37248.01㎡(不含地下面积)
其中会所部分： 7377.46㎡
公寓部分： 29870.55㎡
Ⅰ段标准层面积： 776.30㎡
Ⅲ段标准层面积： 764.40㎡
Ⅰ段标准层使用系数73.48㎡
Ⅲ段标准层使用系数73.72㎡
总户数： 188

总平面图1：1500

图 3-4　总平面图

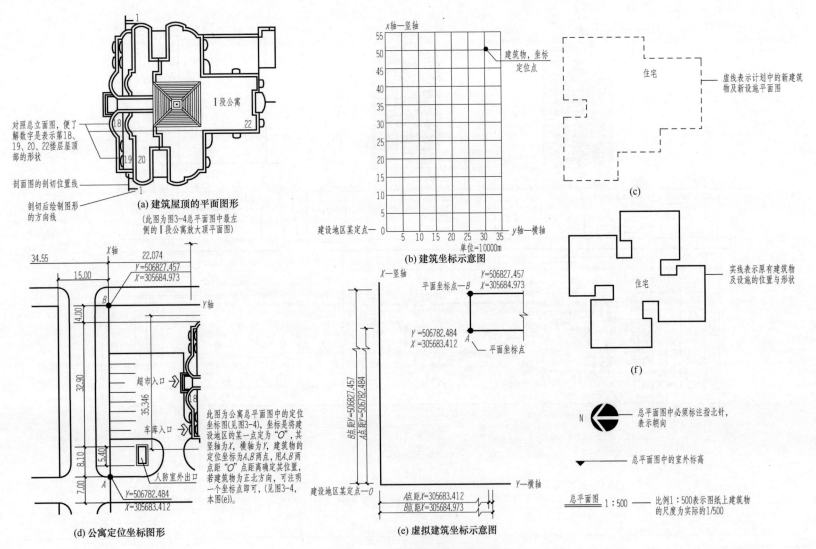

对照总立面图,便了
解数字是表示第18、
19、20、22楼层屋顶
部的形状

剖面图的剖切位置线

剖切后绘制图形
的方向线

(a) 建筑屋顶的平面图形

(此图为图3-4总平面图中最左
侧的Ⅰ段公寓放大顶平面图)

Ⅰ段公寓

X轴—竖轴

建筑物,坐标
定位点

建设地区某定点—

y轴—横轴

单位为10000m

(b) 建筑坐标示意图

虚线表示计划中的新建筑
物及新设施平面图

住宅

(c)

实线表示原有建筑物
及设施的位置与形状

住宅

(f)

X轴

22.074
Y=506827.457
X=305684.973

34.55

15.00

Y轴

4.00

B

32.90

超市入口

35.346

车库入口

8.10
5.40

人防室外出口

7.00

A

Y=506782.484
X=305683.412

此图为公寓总平面图中的定位
坐标图(见图3-4),坐标是将建
设地区的某一点定为"O",其
竖轴为X,横轴为Y,建筑物的
定位坐标为A,B两点,用A,B两
点距"O"点距离确定其位置,
若建筑物为正北方向,可注明
一个坐标点即可,(见图3-4,
本图(e))。

(d) 公寓定位坐标图形

X—竖轴

平面坐标点—B

Y=506827.457
X=305684.973

Y=506782.484
X=305683.412

A

平面坐标点

B点距=506827.457
A点距=506782.484

建设地区某定点—O

Y—横轴

A点距X=305683.412
B点距X=305684.973

(e) 虚拟建筑坐标示意图

N

总平面图中必须标注指北针,
表示朝向

总平面图中的室外标高

总平面图   1:500

比例1:500表示图纸上建筑物
的尺度为实际的1/500

图 3-5   总平面图图例解析

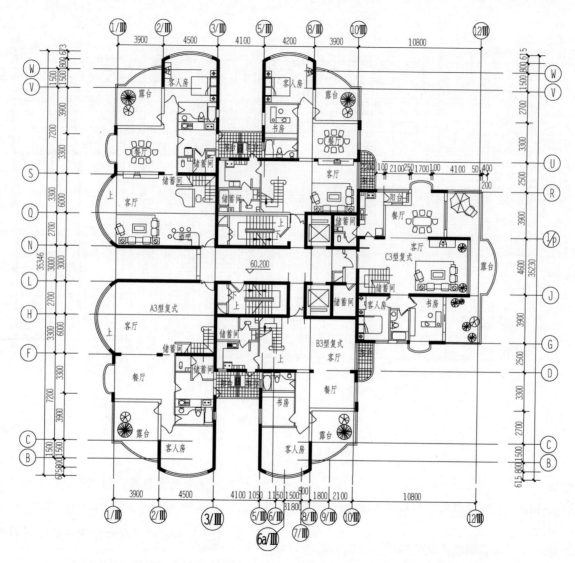

图 3-6 三段二十一层平面图 1：100（此图位于图 3-4 总平面图公寓楼的右侧）

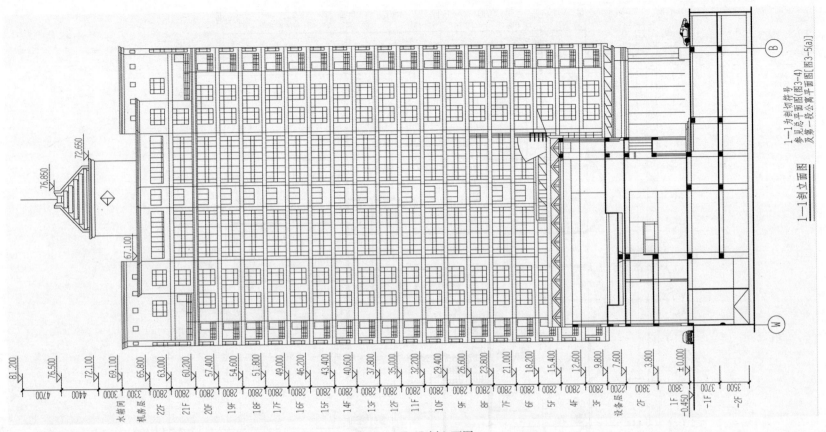

图 3-7 Ⅰ-Ⅰ剖立面图

四、墙体剖面图解析

墙体剖面图属于建筑详图，它为建筑施工、室内装饰设计提供了重要依据，如图 3-8 所示。

（1）用 1：20 的尺度，详尽地表明墙体从防潮层至屋顶主要节点的构造与施工做法。

（2）墙体剖面图分析，包括标高、尺度、各部名称、材质、索引、文字等，如图 3-8（a）～（d）所示。

（3）$\frac{1}{7}$ 表示图样在本工程全部图纸中的第 7 页的第 1 图。

（4）各细部分析，阅读图 3-8 注解。

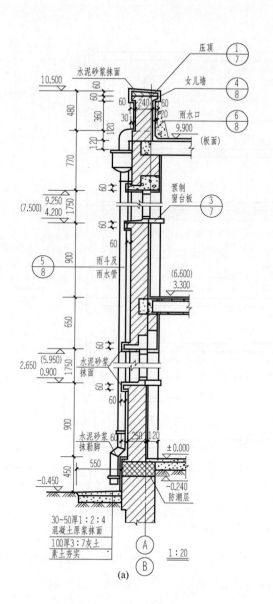

(a)

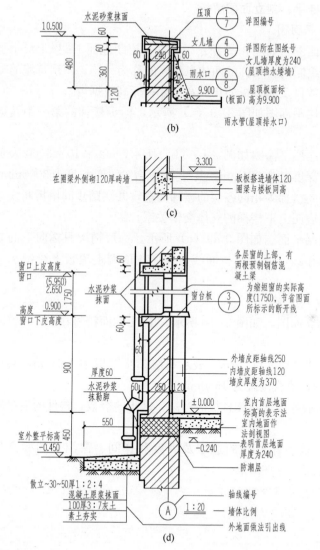

(b)

(c)

(d)

图 3-8　墙体剖面详图

五、楼梯平、剖立面图解析

1. 楼梯平面图

楼梯平面图，如图3-9所示，是在每层距地面1m以上沿水平方向剖切而绘制的；楼梯的两休息板之间称为一跑，图示每跑的宽度和踏步的数目及休息板的长、宽尺寸和标高数据等。

（1）首层平面图如图3-9（a）所示，标示楼梯的第一距及地下层结构。

（2）标准层平面图如图3-9（b）所示，300×10＝3000表示踏步宽度（深度）为300mm，共计10个台阶，总长度为3000mm。所谓标准层的楼梯为相同各层的楼梯构造，并在踏步间用折断线与方向水平线表明上下楼梯的立体交错关系。

（3）顶层平面图如图3-9（c）所示，一般情况只标向下的方向线，不能在踏步间绘制折断线，并且在顶端走道板上绘制水平栏杆。

2. 楼梯剖立面图

楼梯剖立面图，如图3-10所示，Ⅰ-Ⅰ剖面符号在图3-9（a）中标注。

（1）图中150×11＝1650表示每级踏步高度为150mm，共计11级，其每跑垂直高度为1650mm。

（2）标示各楼层及休息板的标高，踏步的级数，构件的搭接施工作法。

（3）标示楼梯栏杆的造型及高度和梯间、窗洞口的标高尺寸等。

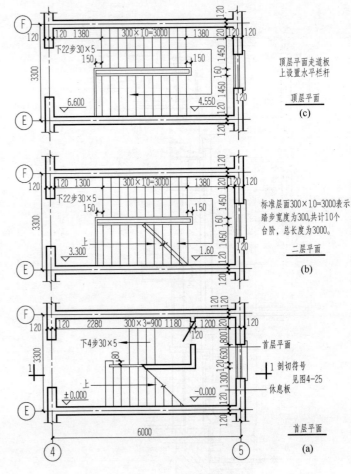

图3-9 楼梯平面图

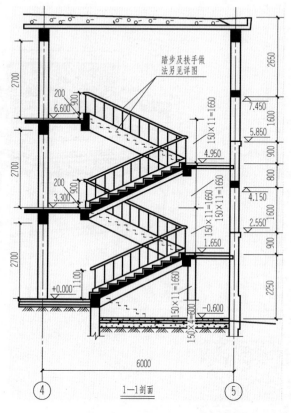

图 3-10 楼梯剖立面图

第三节 室内设计工程图实例

一、识图

建筑图主要展现建筑物的外部形状、内部布置以及构造等，其基本图纸包括总平面图、平面图、剖面图、详图等。而室内设计工程图主要表明室内空间各个界面的处理和室内景点的设置，使建筑室内空间更加完美。

室内设计工程图纸比建筑图纸更为形象，直观，易理解。对其详图，只要掌握索引、图例符号、比例及剖切关系，室内设计工程图都可以顺利解读。通过设计图的实例解读，以达到识图的目的。

二、实例解读

通过对建筑图纸的分析及对图例符号、文字标注的熟练掌握，来识别和解读室内设计工程图，便不会产生更多的疑难。

前两节的内容，概括了识图的基本方法，本节在此基础上进一步深化了解室内设计工程图。

1. 传统家具测绘图

（1）测绘是设计师的必修课程和技能。

（2）测绘是通过对实物家具的研究和测量，模仿绘制出家具的施工图——三视图、效果图和大样图，如图 3-11～图 3-14 所示。

（3）图 3-11 为通体寿字透雕靠背玫瑰椅。

（4）图 3-12 为四出头弯背官帽椅。

（5）图 3-13 为翘头雕花联三橱。

（6）图 3-14 为雕花闷户橱。

2. 灯槽详图

（1）图 3-15 中———⌇———为折断线，表示构件、墙身等的断开线。

（2）灯槽与顶棚是个整体构造。顶棚的吊件包括吊挂、主次轻钢龙骨、石膏板。灯槽造型局部用 30×30 木方制作，也称木龙骨。

（3）其他部位都有详细文字说明。工程图一般都是二维的平面图形，所以对识图人员来说，应该收集各种施工构件实物进行组装，便能很快理解平面图与构件的立体组合关系，并且应该到现场考查。

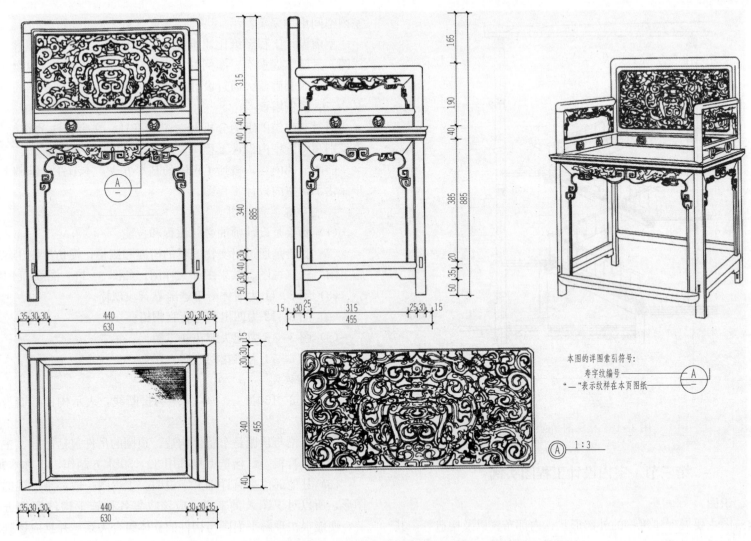

图 3-11 传统家具测绘图——通体寿字透雕靠背玫瑰椅（测绘手绘：田原）

图 3-12 传统家具测绘图——四出头弯背官帽椅

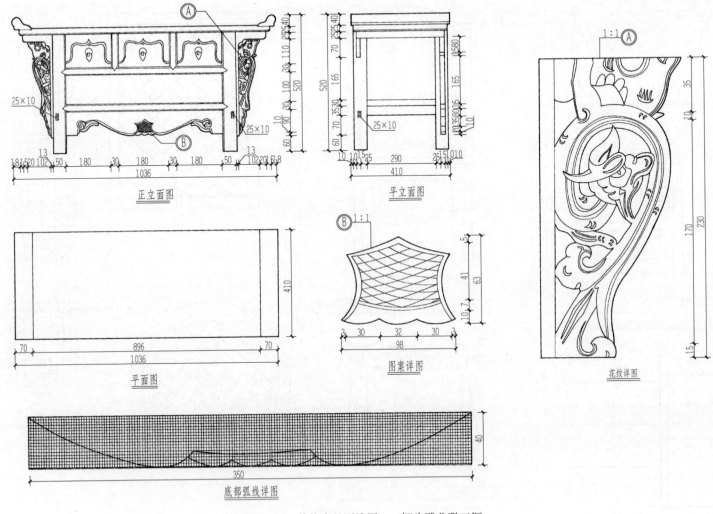

正立面图

平立面图

1:1 Ⓐ

平面图

B 1:1

图案详图

花纹详图

底部弧线详图

图 3-13 传统家具测绘图——翘头雕花联三橱

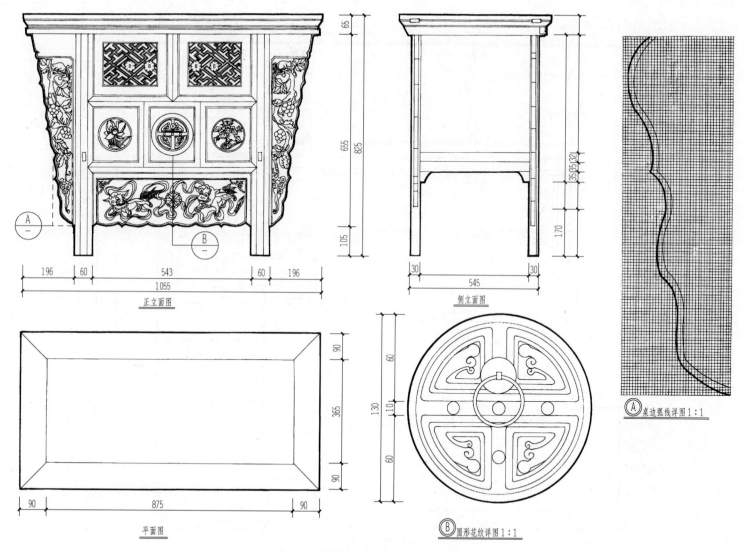

正立面图

侧立面图

Ⓐ 桌边弧线详图1:1

平面图

Ⓑ 圆形花纹详图1:1

图 3-14　传统家具测绘图——雕花闷户橱

53

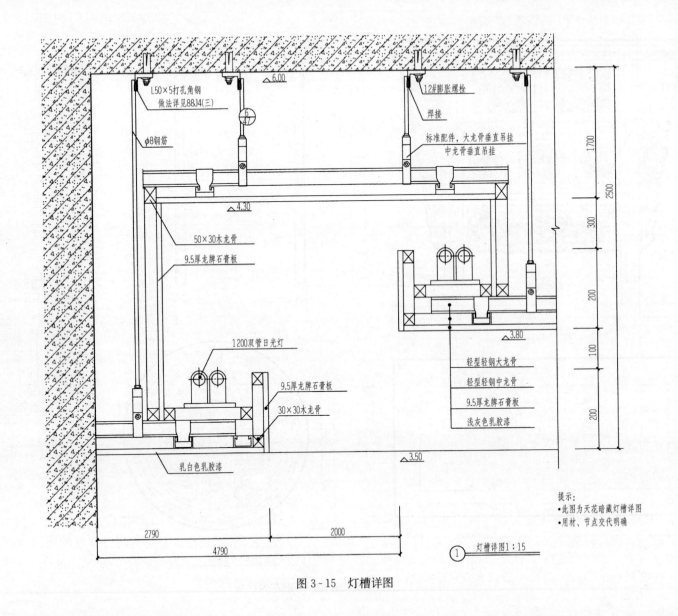

图 3-15　灯槽详图

3. 传统室内测绘图

传统室内测绘图，如图 3-16 所示。

①~⑧——左右轴线用阿拉伯数字编号，即垂直轴线。

Ⓐ~Ⓓ——下上轴线用汉语拼音字母编号，即水平轴线。

$\frac{A}{-}$——梁枋彩画纹样详图。

"–"表示在本页图纸，"A"表示本页图纸上的 A 图。

$\frac{B}{-}$——隔扇图样，符号含义同上。

$\frac{C}{-}$——隔心图案大样图。

$\frac{D}{-}$——裙板图案大样图。

4. 服务台设计图

服务台设计图，如图 3-17 所示。

(1) 三视图可以表达一般的物体，但本例因特殊需要增加一项后投影图。

(2) 各项投影图的不同名称。

①——水平投影图、平面图、俯视图。

②——正投影图、正立面图、主视图。

③——后投影图、后立面图、背视图。

④——侧投影图、侧立面图、侧视图。

$\frac{5}{-}$——玻璃台面胶垫详图，标示本页第 5 图。

$\frac{6}{-}$——玻璃台面下部石材贴面详图，为本页第 6 图。

——虚线在家具图中表示向外开门，尖顶端为门轴合页安装方向。

5. 咖啡厅设计图

(1) 平面图。

主要表达地面，如图 3-18 所示。

1) 标注图名——咖啡厅平面图；

2) 标注比例——1：100；

3) 轴线的编号 $\frac{1}{B}$ 为水平轴线、$\frac{1}{4}$ 为垂直轴线，均是主体柱距间的次要柱体与承重构件；

4) 索引符号 $\frac{1}{C-09}$；

C——表示咖啡厅在总体工程中的 C 部位图纸；

09——在 C 部位全部图纸的第 9 页图纸中第 1 图，如图 3-18 所示。

5) 剖切号：

表示由 1 至 1 剖切后，向左方绘制立面图；

表示由 2 至 2 剖切后，向右方位绘制立面图；

• $\frac{2}{C-09}$ 为石材地面拼花详图索引，在图 3-26 中 ② 可见。

• "R"表示尺寸起止点的半径长度，如吧台的圆弧半径标注。

(2) 天花平面图。

主要表达天棚，如图 3-19 所示。

1) 天花平面图的最大特点是通过假想的透明顶棚，往下观看所获得的图形，即在顶层上部向下绘制的平面图。(注：不是仰视图，而是镜面投影图)

2）灯具。

$\dfrac{5,6,8}{\text{C-05}}$为现场制作吊灯的详图索引，在图 3 - 22 ⑤ ⑥ ⑧ 中可见。

$\dfrac{1}{\text{C-06}}$为天花暗灯槽制作的详图索引，图 3 - 23 ① 中可见。

（3）剖立面图。

剖立面图，如图 3 - 20 和图 3 - 21 所示。

1）室内设计的剖立面图多是围合室内的墙壁及邻接的天棚，被剖切后的断立面，组织在一个图面上所绘制出能够充分表达装饰造型结构的图样。

2）索引符号：

图 3 - 20 中的 2-2 剖立面图中 $\dfrac{4}{\text{C-06}}$ 为窗台板、墙裙、踢脚详图，C-06 为详图编号，4 为 C-06 中的第 4 图，在图 3 - 23 中可见。

$\dfrac{1}{\text{C-09}}$为服务台详图；查找方法与上相同，在图 3 - 26 ① 中可见。

图 3 - 20 中的 Ⅰ-Ⅰ 剖立面图中的 $\dfrac{12}{\text{C-07}}$ $\dfrac{13}{\text{C-07}}$ 为装饰柱详图，在图 3 - 24 可见。

$\dfrac{9\text{-}10}{\text{C-08}}$为装饰门详图，图 3 - 25 可见。

$\dfrac{2}{\text{C-06}}$为软包墙壁详图，图 3 - 23 ② 可见。

（4）详图。

详图又称节点图，是为施工制作而绘制的图样，如图 3 - 22～图 3 - 26 所示。

1）按比例准确绘制造型。

2）详细标注编号、比列、尺寸、材料、剖切符号图例及文字说明等。

三、识图初步

前三节所提示的问题，目的在于能达到自我识图，下面介绍几类建筑装饰图纸，以供识读，如图 3 - 27～图 3 - 30 所示。

1. 保健中心平面图

（1）平面布置图，如图 3 - 27 所示。

（2）天花布置图，如图 3 - 28 所示。

2. 高层建筑平面图

平面布置图如图 3 - 29 和图 3 - 30 所示。

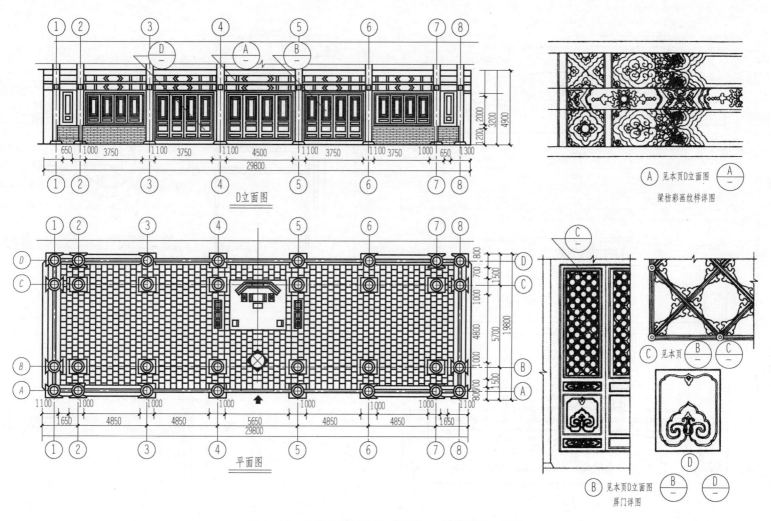

图 3-16　传统室内测绘图（屏门）　测绘制图：田原

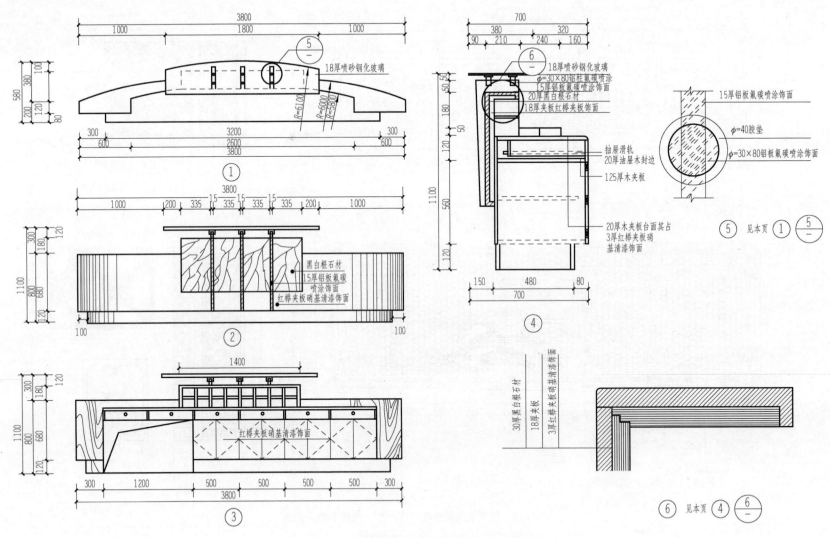

图 3-17　服务台设计图　设计制图：田原

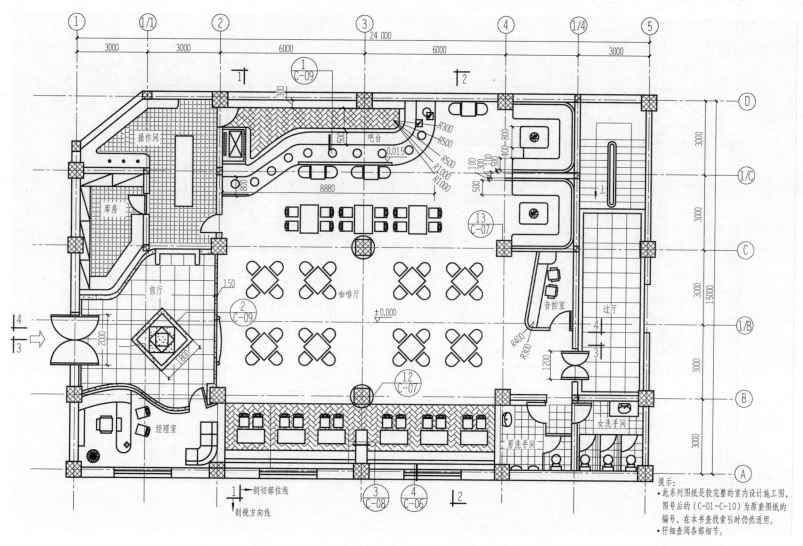

图 3-18 （C-01）咖啡厅平面图 1：100 设计制图：田原

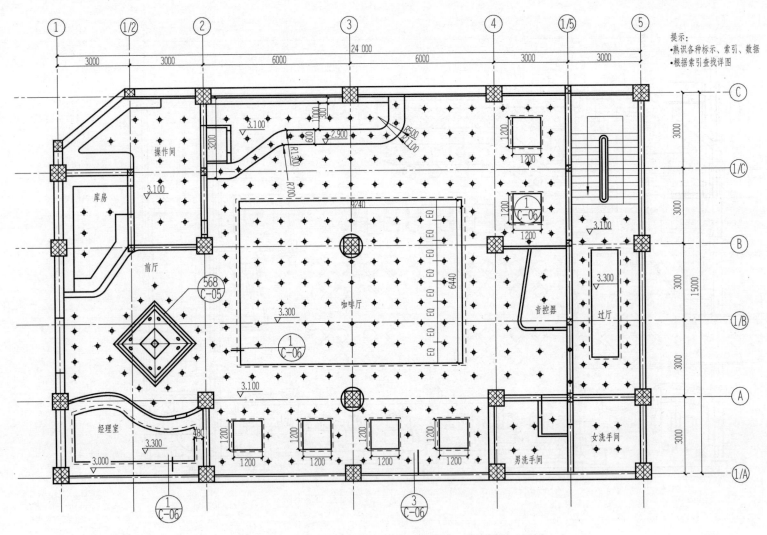

图 3 - 19 （C-02）咖啡厅天花平面布置图 设计制图：田原

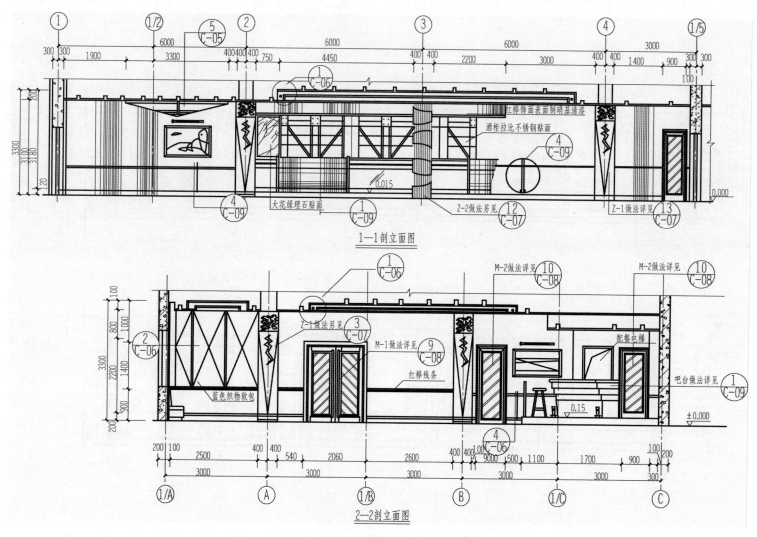

图 3-20 (C-06～09) 咖啡厅剖立面图 设计制图：田原

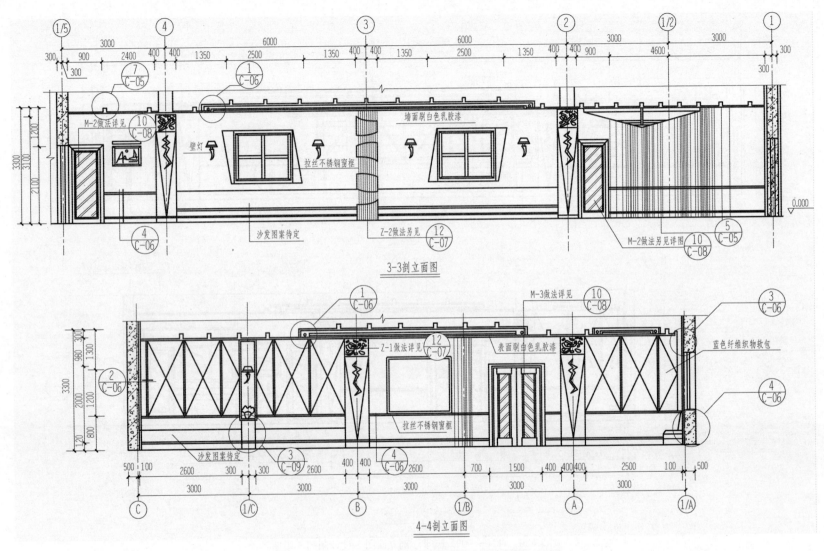

3-3剖立面图

4-4剖立面图

图 3-21 （C-05～10）咖啡厅剖立面图　设计制图：田原

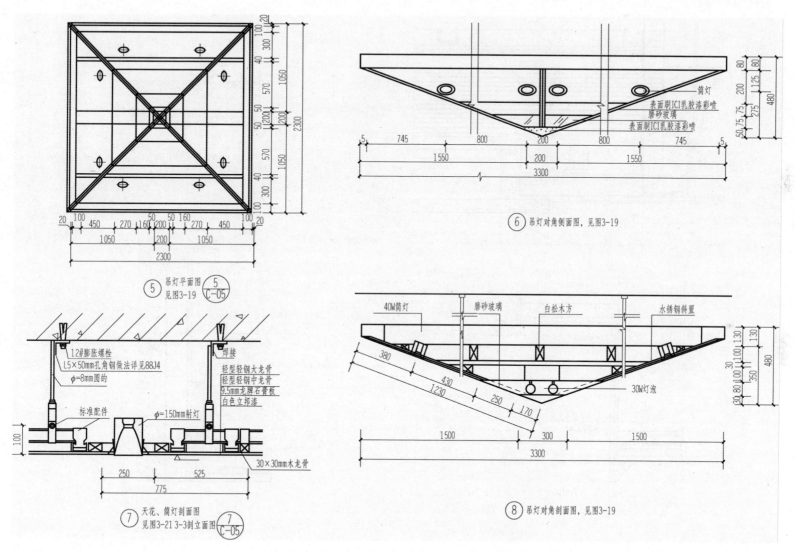

图3-22 （C-05）咖啡厅灯具详图 设计制图：田原

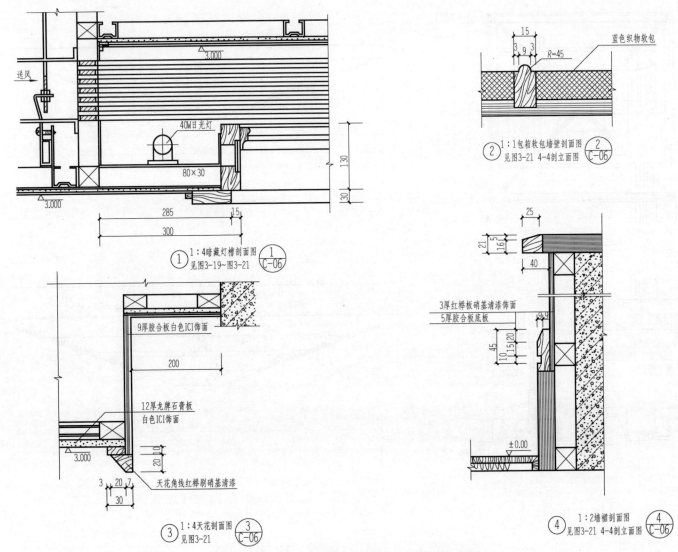

送风

40W日光灯

80×30

3.000

130

30

285

15

300

△3.000

① 1:4暗藏灯槽剖面图
见图3-19~图3-21 ①/C-06

15
3 9 3
R=45

蓝色织物软包

② 1:1包箱软包墙壁剖面图
见图3-21 4-4剖立面图 ②/C-06

9厚胶合板白色ICI饰面

200

12厚龙牌石膏板
白色ICI饰面

3.000

20 10

3 20 7
30

天花角线红榉刷硝基清漆

③ 1:4天花剖面图
见图3-21 ③/C-06

25

21
16 5

40

3厚红榉板硝基清漆饰面
5厚胶合板底板

9 9

45

10 15 20

±0.00

④ 1:2墙裙剖面图
见图3-21 4-4剖立面图 ④/C-06

图3-23 （C-06）咖啡厅装置详图 设计制图：田原

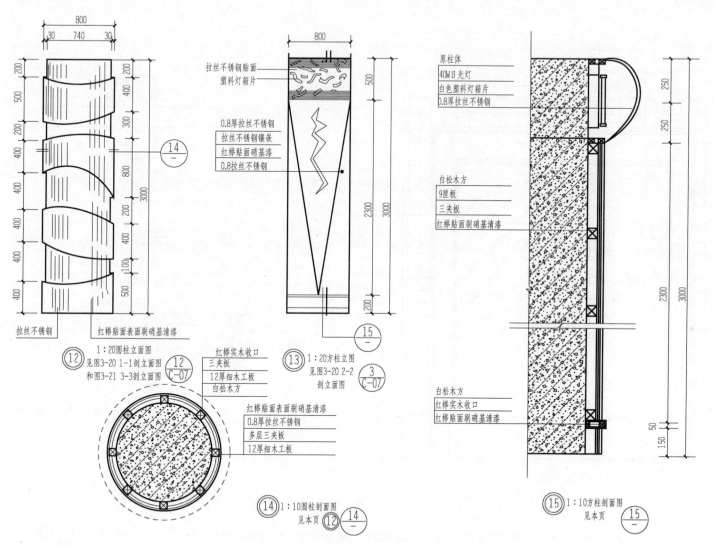

图 3-24 （C-07）咖啡厅立柱详图　设计制图：田原

800
30 740 30

200
500
200
200
400
400
400
400

400
300
300
800
400
400

3000

100
500

拉丝不锈钢

红榉贴面表面刷硝基清漆

⑭

⑫ 1:20圆柱立面图
见图3-20 1-1剖立面图
和图3-21 3-3剖立面图
⑫ C-07

800

拉丝不锈钢贴面
塑料灯箱片

0.8厚拉丝不锈钢
拉丝不锈钢镶嵌
红榉贴面刷硝基漆
0.8拉丝不锈钢

500

2300

3000

200

⑮

⑬ 1:20方柱立图
见图3-20 2-2
剖立面图
③ C-07

红榉实木收口
三夹板
12厚细木工板
白松木方

红榉贴面表面刷硝基清漆
0.8厚拉丝不锈钢
多层三夹板
12厚细木工板

⑭ 1:10圆柱剖面图
见本页
⑫ ⑭

原柱体
40W日光灯
白色塑料灯箱片
0.8厚拉丝不锈钢

白松木方
9厘板
三夹板
红榉贴面刷硝基清漆

250
250
250
250

2300

3000

白松木方
红榉实木收口
红榉贴面刷硝基清漆

50
150

⑮ 1:10方柱剖面图
见本页
⑮

65

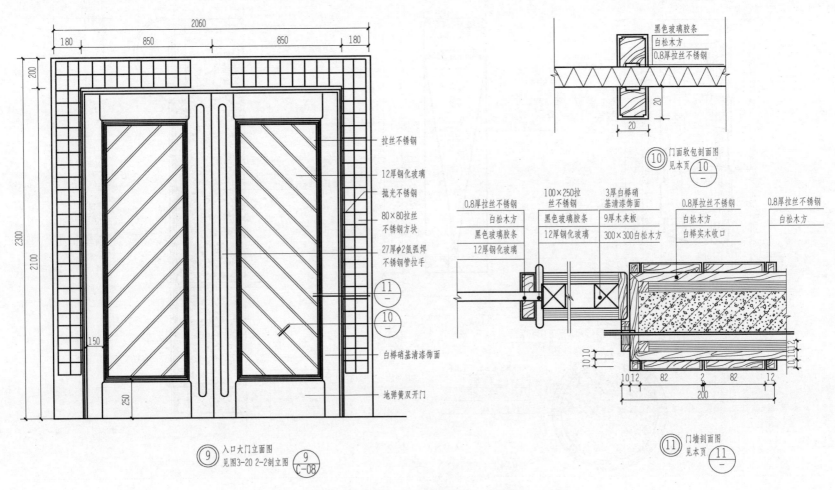

图 3-25 （C-08）咖啡厅大门墙壁详图 设计制图：田原

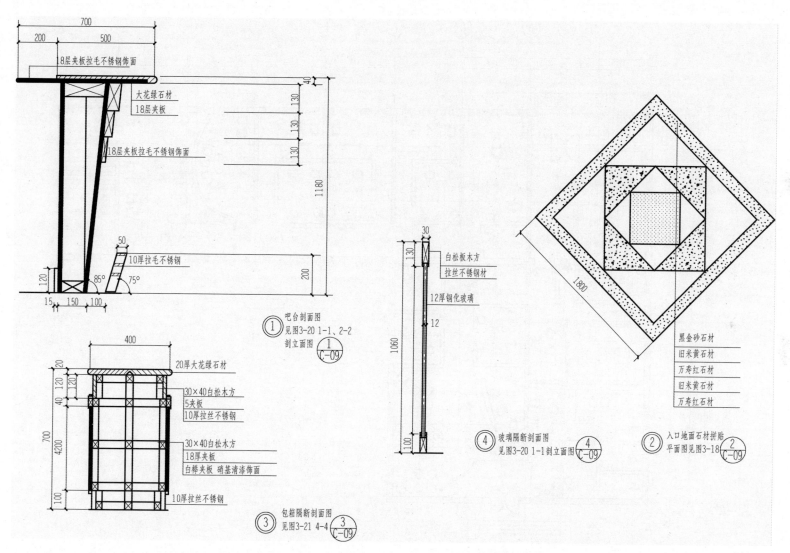

图 3-26 （C-09）咖啡厅吧台、地面拼贴详图 设计制图：田原

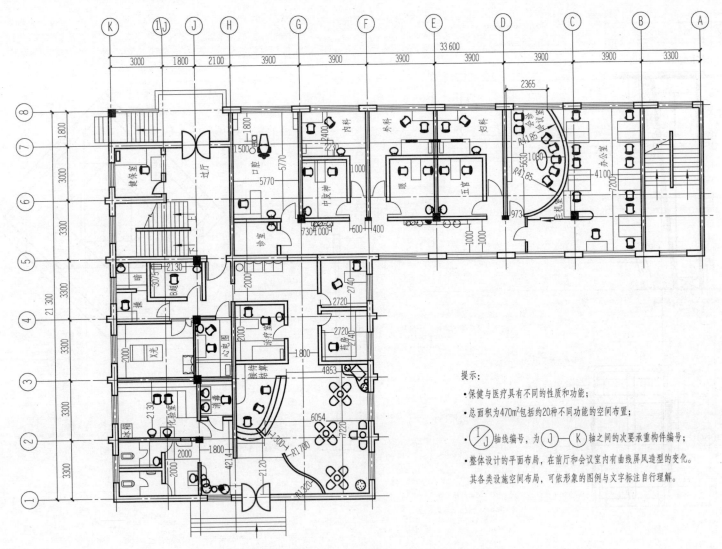

图 3-27　保健中心平面布置图　设计制图：杨冬丹

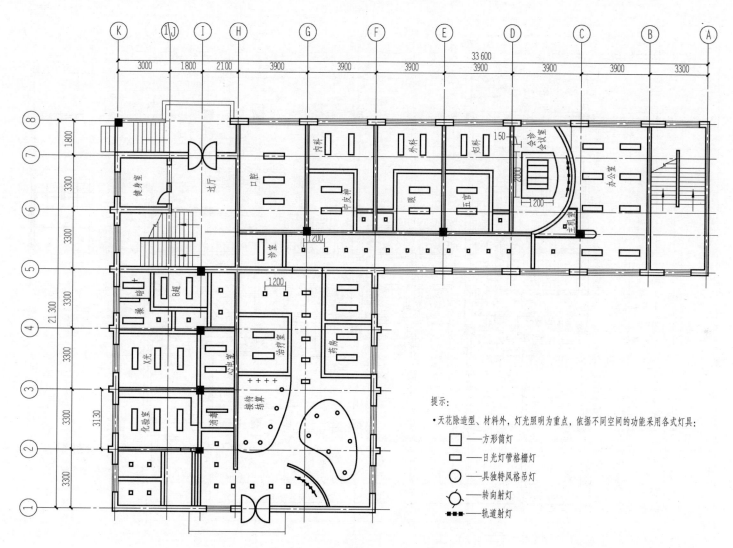

提示:
• 天花除造型、材料外,灯光照明为重点,依据不同空间的功能采用各式灯具:

　□ ——方形筒灯

　▭ ——日光灯管格栅灯

　○ ——具独特风格吊灯

　⊘ ——转向射灯

　▪▪▪ ——轨道射灯

图 3-28　保健中心天花布置图

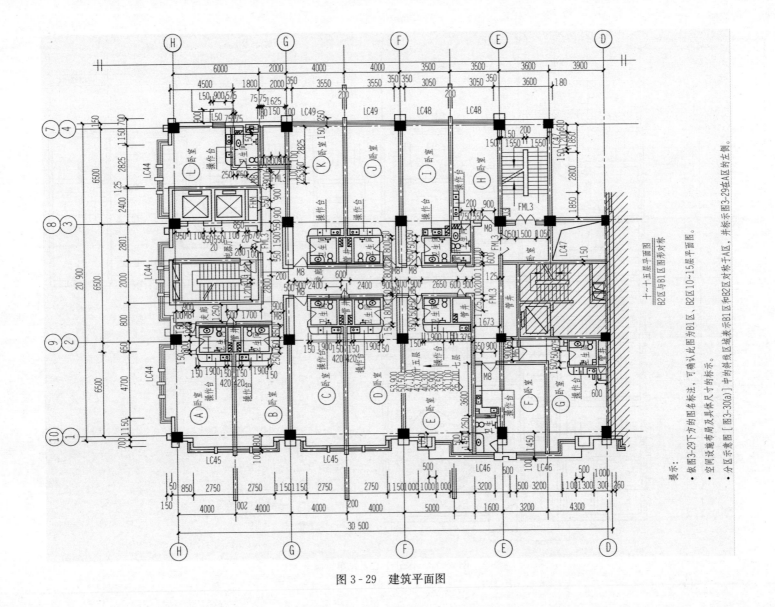

图 3-29 建筑平面图

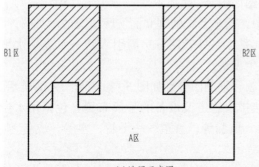

B1区　　　　　　　　　B2区

A区

(a) 分区示意图

说明

1.墙体材料

外涂250厚加气混凝土，内涂200厚加气混凝土，
隔涂150厚加气混凝土

2.厨房、卫生间通风道选变截面式通风道

3.卫生间门洞口750×2100

提示：

• 图3-30(b)位于图3-29的左上角，为B1区和B2区的电梯间、卫生间等空间详图。
• ⒣ ⒢ 为横向轴线的编号。
• ③ ④ 为B1区的纵向轴线编号。
• ⑦ ⑧ 为B2区的纵向轴线编号。B1区和B2区为对称A区的两部分；又因将
  两区的局部图纸二为一绘制，所以将二区与一区相对应的轴线编号⑦⑧
  重叠标示在③④轴线的上部。

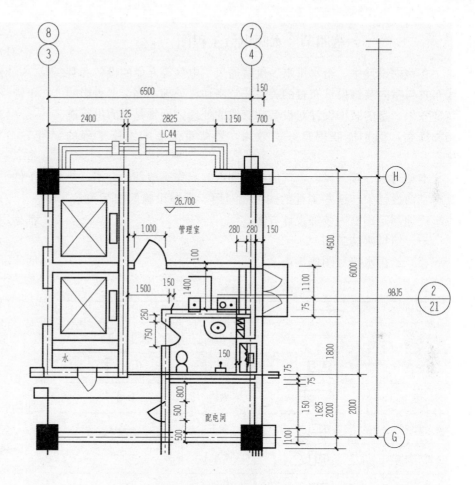

(b) B1区、B2区局部平面图1：100

图 3-30　B2区与B1区局部图

71

第四节　水暖电气工程图

在室内设计中，给水排水、供暖通风、电气等专业的设备和管线布置与室内装饰设计布置的关系非常密切，处理不当会严重影响装饰效果。室内装饰设计对设备和管线的处理，通常是全力进行遮挡和掩盖，但不能获得良好的效果，还严重地影响维修工程的进行。

本章对水、暖、风、电气的施工图纸，只作一般性的介绍，使其在室内设计中与这些工程的图纸相对照，掌握设施的相互关系，更准确地制定出室内装饰设计方案。

一、给排水施工图

(1) 给排水符号图例见表 3-1。

表 3-1　　　　给排水符号图例

给水管	——————	拖布盆	图例
洗水管	– – – – –	地漏	图例
洗脸盆	图例	清扫口	图例
方沿浴盆	图例	截门	图例
蹲式大便器	图例	龙头	图例
坐式小便器	图例	检查口	图例
斗式小便器	图例	流量表	图例
小便槽	图例	水泵	图例
盥洗台	图例		

(2) 给水系统示意图如图 3-31 所示。

1) 表明在两层楼中，给水系统的剖立面实际概况的示意图。

2) 给水系统的走向是：室外管网→房屋引入管→水表→水平干管→主管→支管→卫生设备。

(3) 给水系统平面图和轴测图分别如图 3-31 和图 3-32 所示。

1) 平面图：表明给排水管道及设备的平面布置。包括用水设备——洗涤盆、大便器、地漏等；管道——干管、主管、支管等；配件——阀门、清洁口等。

2) 图中的水表、水泵、泵阀门、水管、水箱以及卫生设备等都是用符号图例表示。

3) 将平面图与给水系统轴测图（图 3-31）相互对照，更会表明实际情况。

二、供暖施工图

(1) 供暖符号图例见表 3-2。

(2) 供暖系统平面图如图 3-34 所示。

表明室内供暖管道及设备的平面布置，包括：

——散热器和热风器的位置；

——水平干管、主管、阀门、固定支架及供暖入口的位置；并注明管径和主管的编号。

(3) 供暖系统轴测图如图 3-35 所示。

轴测图与平面图配合展现供暖系统的全貌，两图相对照，可表明整体供暖系统的空间关系，其中包括供水与回水，回水干管在一层地面以下，回水总管由供暖入口处引出室外。

三、通风施工图

(1) 通风符号图例见表 3-3。

(2) 通风系统平面图如图 3-36 所示。

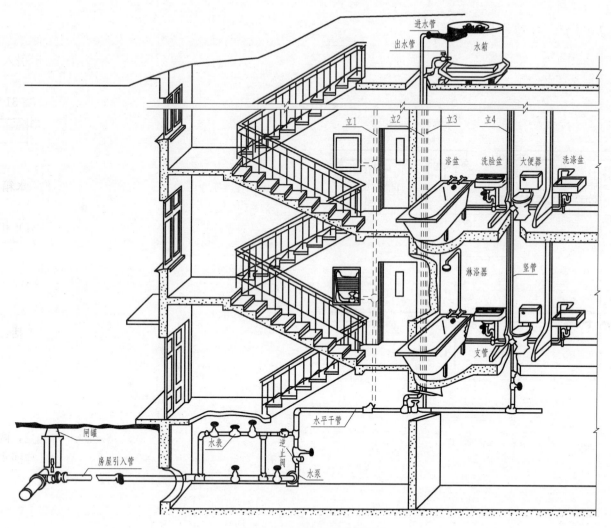

进水管
出水管
水箱
立1 立2 立3 立4
浴盆 洗脸盆 大便器 洗涤盆
淋浴器 竖管
支管
水平干管
闸罐
水表 逆止阀
房屋引入管 水泵

图 3 - 31 给水系统轴测图

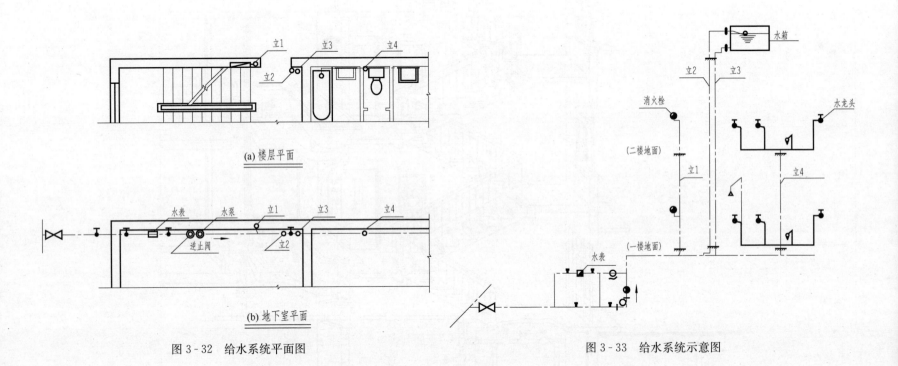

立1　立3　立4

(a) 楼层平面

水表　水泵　立1　立3　立4

逆止阀　立2

(b) 地下室平面

图 3-32　给水系统平面图

水箱

立2　立3

消火栓　水龙头

(二楼地面)　立1

立4

(一楼地面)

水表

图 3-33　给水系统示意图

表 3 - 2   **供 暖 符 号 图 例**

名称	图 例	名称	图 例	名称	图 例
供暖热水干管	——————	截止阀		回水立管	●
供暖回水干管	– – – – –	膨胀管	—+——+—	坡度	i
供暖蒸汽干管	∕∕∕∕∕∕	循环管	—▲—▲—	离心水泵	
供暖凝水管	∕∕∕∕∕∕	入孔	○	散热器上跑风门	
自来水管	——–——	疏水器（隔汽具）		立管编号	③
热水供给管	——·——·——	逆止阀	▶◀	管沟集水井	
管道固定支架	✕	集气罐		泄水阀	
方形补偿品	⊓	柱式散热器		放气阀	
闸阀	▷◁	管道下行	—⌐	检查室	室X
压力表	⊘	管道上行	⌐—		
温度计		供水立管	○		

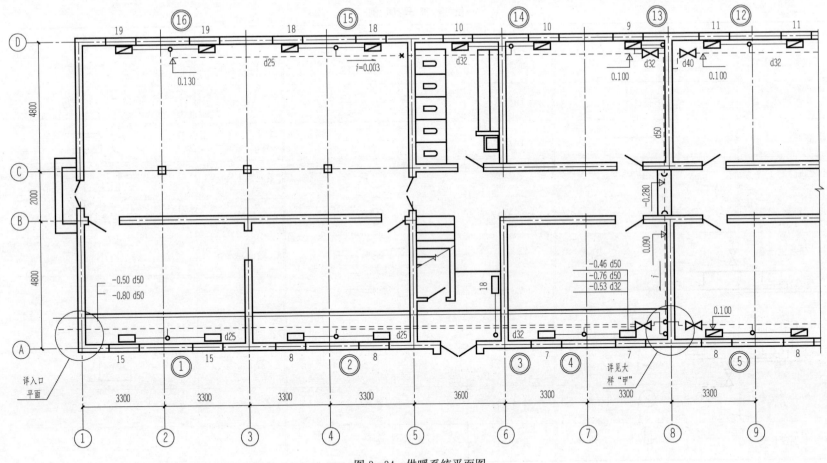

图 3-34 供暖系统平面图

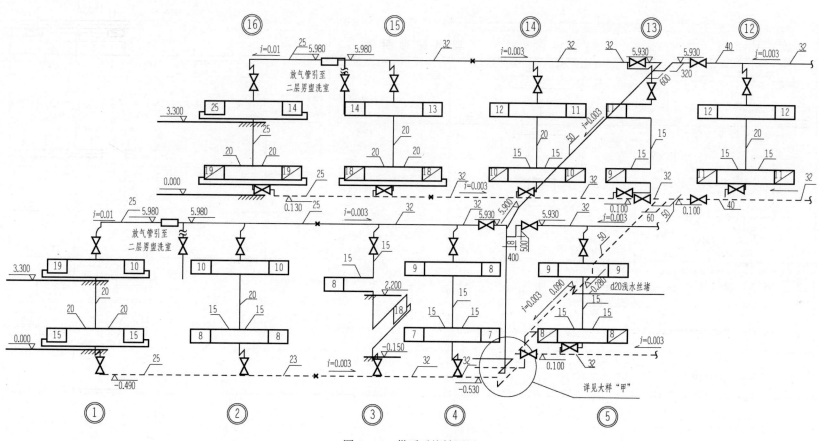

图 3-35 供暖系统轴测图

表 3 - 3 　　　　　　　　　　　　　　通 风 符 号 图 例

名　称	图　例	名　称	图　例
送风口		伞形风帽	
回风口		圆筒形风帽	
轴流风机		排气罩	
风道上的蝶阀		空气回热器	
风道上的多叶调节阀		冷却器	
风道上的闸板阀		离心风机	
风道上的拉杆阀			

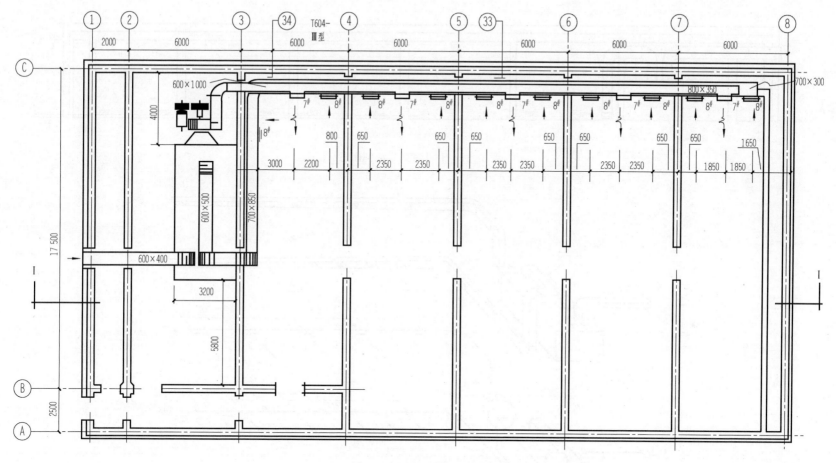

图 3-36 通风系统平面图

1）表明风道、风口、调节阀门等设备和构件的位置，与墙面的距离及各部分的尺寸等；

2）用符号图例注明进、出风口的空气流动方向；

3）注明系统的编号；

4）风机、电机等设备形状及型号。

（3）通风系统剖面图，如图 3-37 所示。

剖面图表明管线及设备，在垂直方向的布置及主要尺寸。

（4）通风系统轴测图，如图 3-38 所示。

79

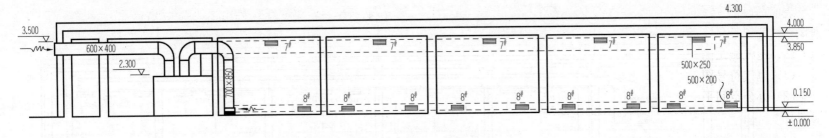

图 3-37 I-I 通风系统剖面图

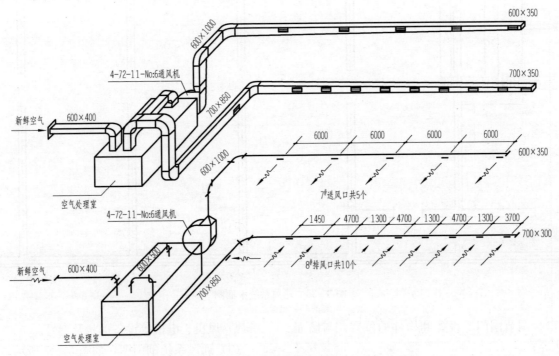

图 3-38 通风系统轴测图

表明送风干管与回风干管水平位置重叠的上、下关系，并标注通风系统的编号、风道的断面尺寸、设备名称及规格型号等。

四、电气施工图

（1）电气符号图例见表3-4。

（2）办公空间平面布置图如图3-39所示。（用于确定照明平面图）

（3）照明平面图如图3-40所示。

照明平面图是电气施工中的主要图纸，表明电源进户线、电路敷设、配电箱位置、照明设备的位置及要求等。

（4）安装路线图如图3-41所示。

（5）电气系统图如图3-42所示。

说明工程的供电方案，并标注电气设备内部和设备之间的接线和安装，在电气图纸中属重要部分。

表 3-4   电 气 符 号 图 例

名称	图例	名称	图例	名称	图例
控制屏	 ▭	玻璃平盘罩	Ⓟ	两线暗式扳把开关	
照明配电箱	 ▬	配罩形吊式灯	㉛	三线暗式扳把开关	
动力配电箱或动力配电盘	▬	广照型杆式灯	㊱	空气开关	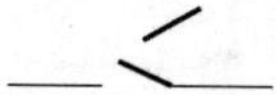
引上管，引下管		弯灯	⑱	胶盖开关	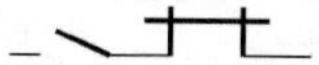
由下引来，由上引来	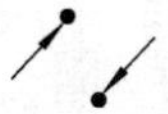	高压自镇流水银灯	⊕	铁壳开关	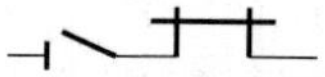
排气风扇	⊗	双板暗插销		瓷插保险	
日光灯	 ▭	电钟出线口	◔	接地装置	
搪瓷伞形罩	Ⓢ	拉线开关			

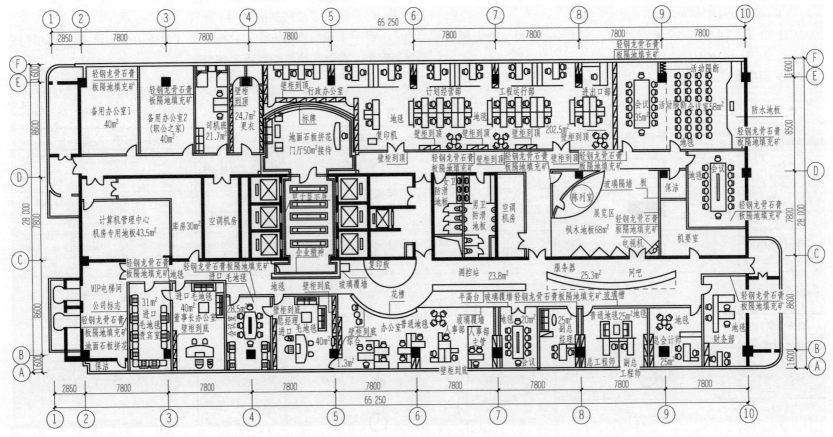

图 3-39　办公空间平面布置图

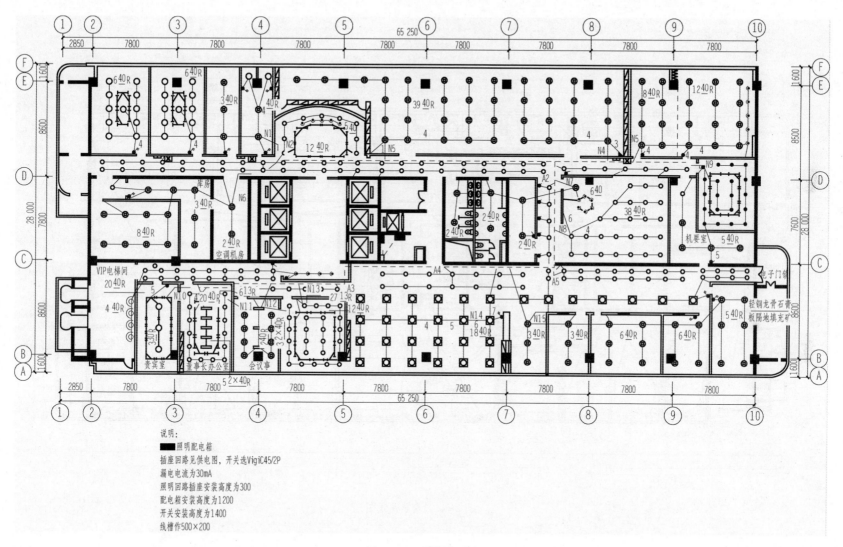

说明:
■ 照明配电箱
插座回路见供电图, 开关选VigiC45/2P
漏电电流为30mA
照明回路插座安装高度为300
配电箱安装高度为1200
开关安装高度为1400
线槽作500×200

图 3-40 照明平面图

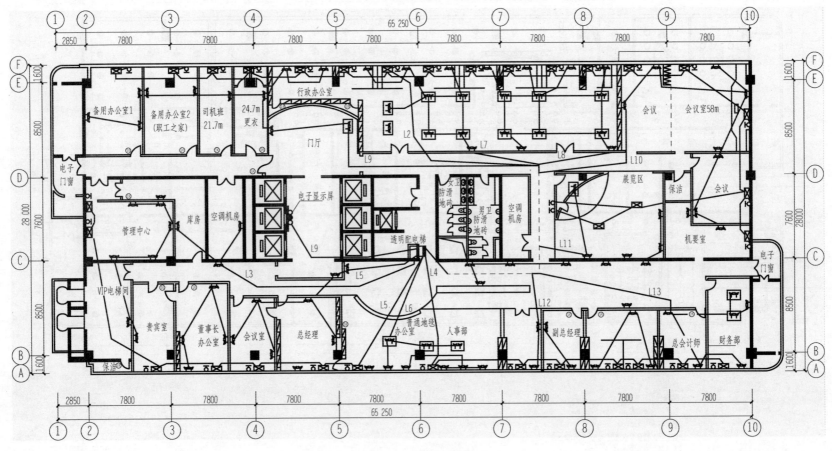

图 3-41　安装路线图

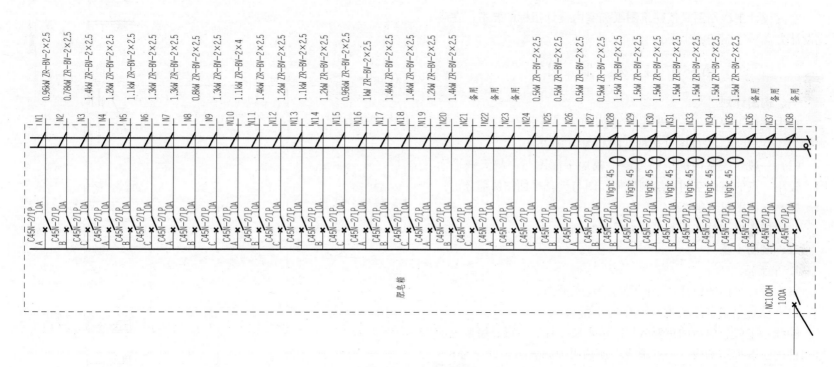

图 3-42　电气系统图

第四章　室内设计工程制图

　　室内设计工程制图是依建筑图纸和室内设计招标的要求，在确定设计方案后绘制的施工图。

第一节　工程制图

一、构图计划

　　室内设计工程图，一般采用 A 系列的 A_2 号图纸比较适宜，其规格为 420×594，去掉图纸边框，图心为 400×559。

　　（1）一般较大室内的空间可绘一幅地平面图与一幅天花平面图，较小一点的室内空间可绘制地平面图与天花平面图两部分。

　　（2）立面图可容纳 2～4 幅。

　　（3）详图根据具体情况可放大尺度绘制。

二、制图步骤

1. 平面图

　　室内设计平面图包括地平面图与天花平面图。

　　（1）首先绘制定位轴线，如图 4-1 所示。

　　轴线是定位、放线的重要依据。承重墙、柱、大梁、屋架等承重构件的位置都用轴线——点画线，顶端用圆圈表示，直径为 8～10mm，圆圈内标明轴线编号。

　　（2）绘制墙、柱和门窗及门窗开启方向等细节，标示室内立面图的内视定向符号或剖切符号及标高，如图 4-2 所示。

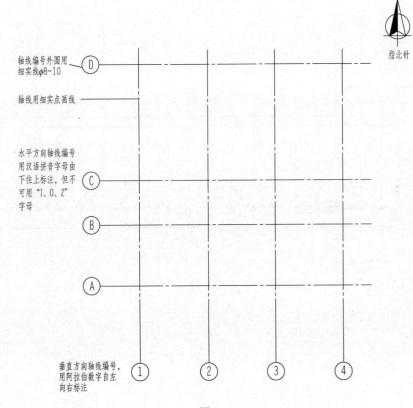

图 4-1

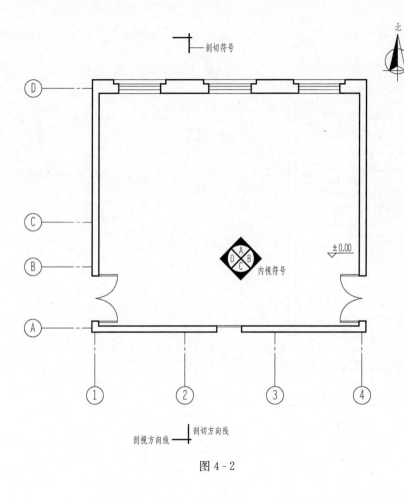

剖切符号

北

内视符号

±0.00

剖视方向线 剖切方向线

图 4-2

（3）画尺寸线、剖切符号、指北针，安排标注文字的位置，依据室内功能要求，绘制家具和设施等，如图 4-3 所示。

2. 天花平面图

（1）天花平面图，在室内设计图中不要绘成仰视图，而是要绘成穿过设想的透明上层楼板所俯视的天花设施布置图，即所谓镜像投影图，如图 4-4 所示。

（2）依地平面的功能布局上下呼应，安置灯具、通风等设施及文字说明。

3. 立面图

室内设计立面图，除单一的立面图外，多为剖立面图，因为室内设计工程对于天棚、墙面、地面总是要在建筑竣工后再进行表面处理，所以在绘制立面图时需要将各界面剖开，标示索引符号与文字说明，才能充分表达设计意图。

（1）绘制墙身轴线和立面轮廓线、室内地平线及顶面线，如图 4-5 所示。

（2）绘出门窗、洞口和墙面板、地面等被剖切后的造型轮廓线，如图 4-6 所示。

（3）标示踢脚板、墙面、地面的各层细部作法等的索引图例符号，以及表面装饰材料的详细说明，如图 4-7～图 4-10 所示。

（4）标注断面材料。标高符号及尺寸线等。

（5）完成室内剖立面图。

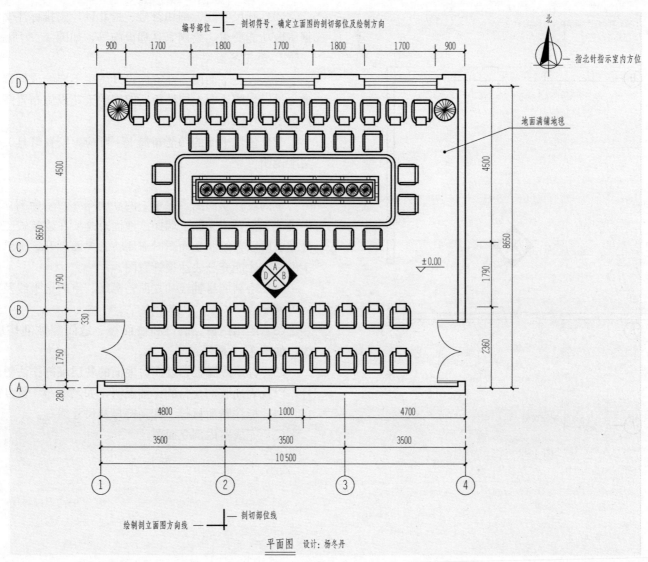

编号部位 —— 剖切符号，确定立面图的剖切部位及绘制方向

北

指北针指示室内方位

地面满铺地毯

± 0.00

绘制剖立面图方向线 —— 剖切部位线

平面图 设计：杨冬丹

图 4 - 3

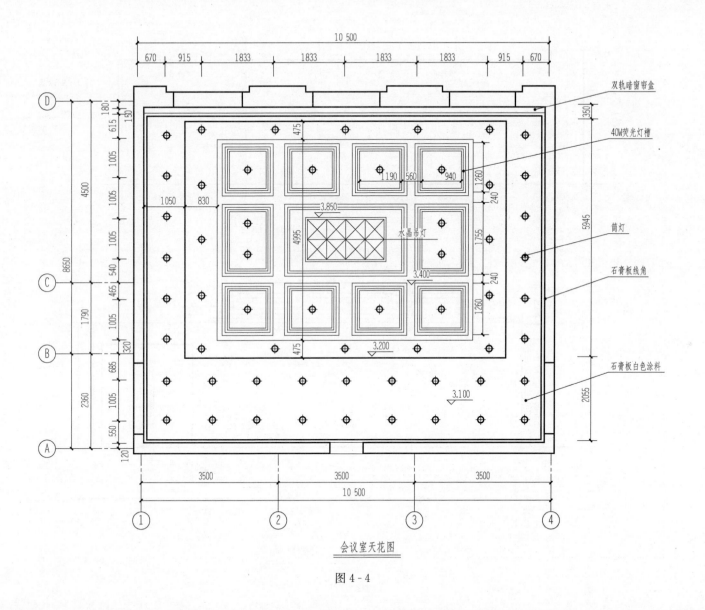

会议室天花图

图 4 - 4

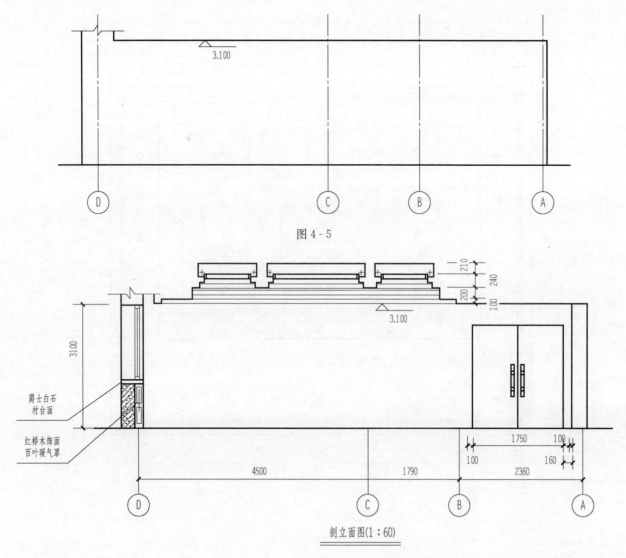

图 4 - 5

3.100

3.100

爵士白石
材台面

红榉木饰面
百叶暖气罩

210
240
200
100

3100

1750   100
100   160
4500   1790   2360

D   C   B   A

剖立面图(1：60)

图 4 - 6

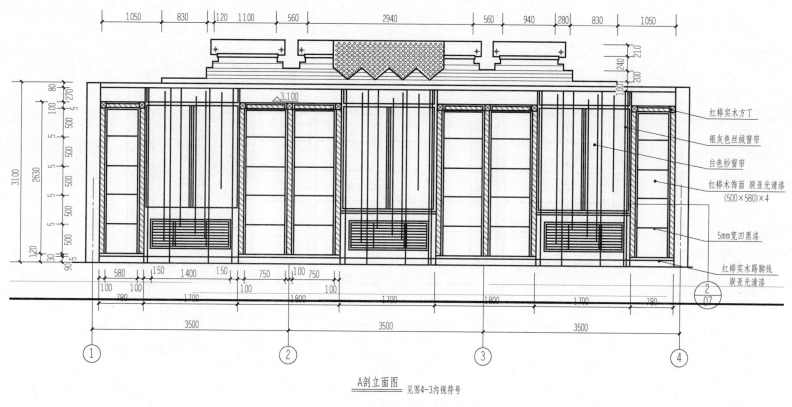

A剖立面图　见图4-3内视符号

红榉实木方丁
银灰色丝绒窗帘
白色纱窗帘
红榉木饰面 刷亚光清漆
(500×580)×4
5mm宽凹黑漆
红榉实木踢脚线
刷亚光清漆

△3.100

图 4-7

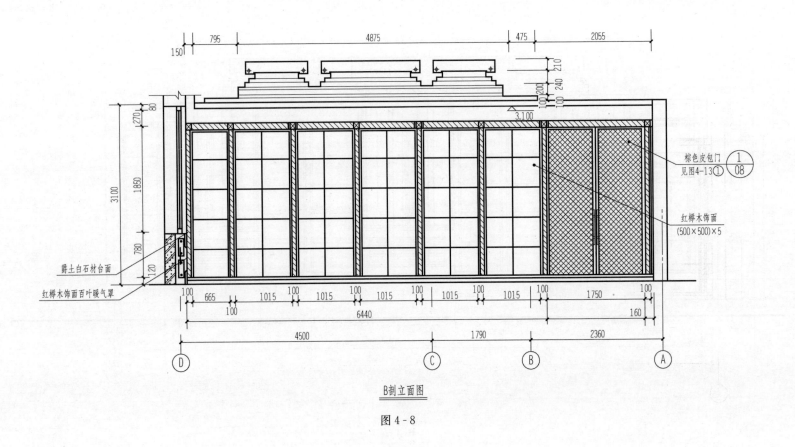

棕色皮包门
见图4-13①

红榉木饰面
(500×500)×5

爵土白石材台面

红榉木饰面百叶暖气罩

B剖立面图

图 4 - 8

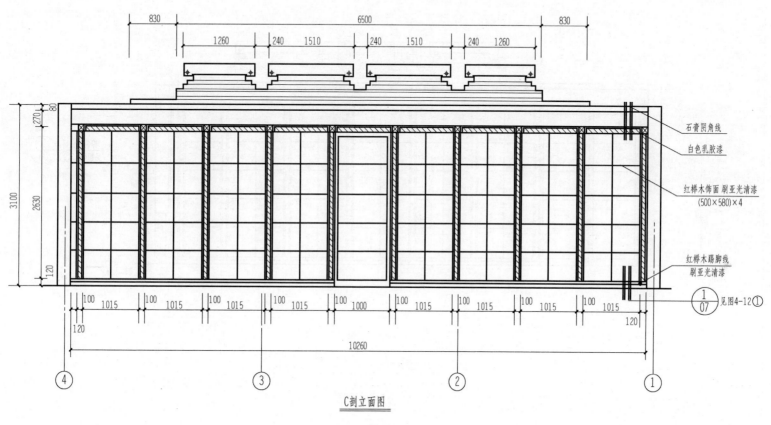

石膏阴角线

白色乳胶漆

红榉木饰面 刷亚光清漆
(500×580)×4

红榉木踢脚线
刷亚光清漆

见图4-12①

C剖立面图

图 4-9

93

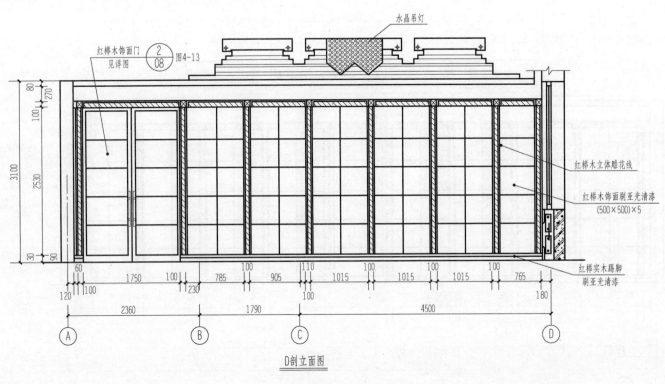

水晶吊灯

红榉木饰面门
见详图 ②/08 图4-13

红榉木立体雕花线

红榉木饰面刷亚光清漆
(500×500)×5

红榉实木踢脚
刷亚光清漆

D剖立面图

图 4 - 10

4. 详图

详图在室内装饰工程施工中为具体施工的依据。

(1) 绘制详图的比例以 1：1 至 1：40 为宜。

(2) 在平、立、剖面图中的全部索引编制要互相一致。

(3) 材料说明与符号图例的标注一定要准确，符合规范要求。

(4) 节点图绘制步骤，如图 4-11 所示。

(5) 节点图如图 4-12 和图 4-13 所示。

熟练掌握前面章节内容，建立空间概念，理解剖切关系，即可解读、认识任何看似复杂的节点图。

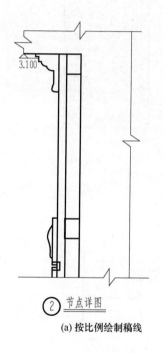

(a) 按比例绘制稿线

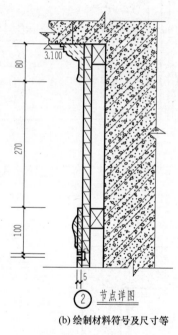

(b) 绘制材料符号及尺寸等

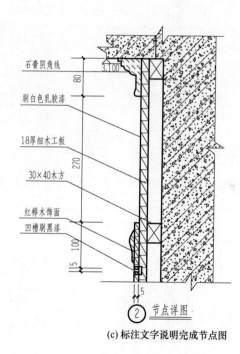

(c) 标注文字说明完成节点图

图 4-11 墙壁详图绘制步骤

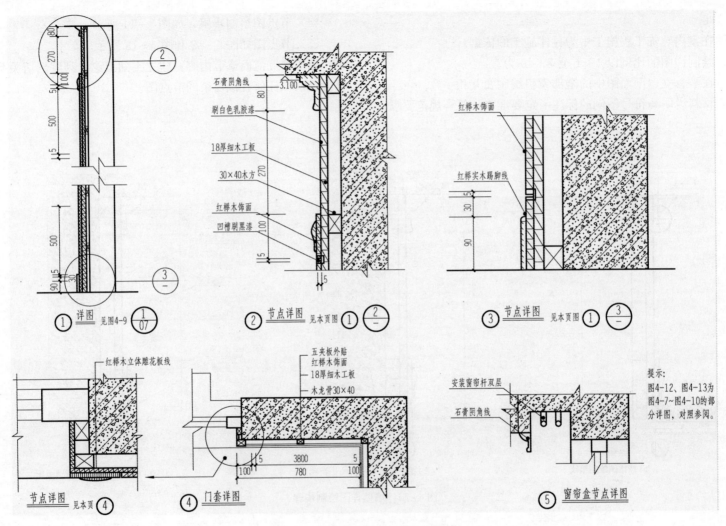

图 4-12 墙壁、门套、窗帘盒详图

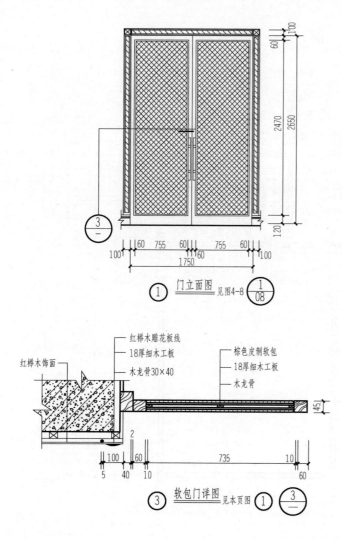

① 门立面图 见图4-8 $\frac{1}{08}$

② 门立面图 见图4-10 $\frac{2}{08}$

红榉木雕花板线
18厚细木工板
木龙骨30×40
红榉木饰面
棕色皮制软包
18厚细木工板
木龙骨

③ 软包门详图 见本页图 ① $\frac{3}{—}$

五夹板外贴红榉木饰面
18厚细木工板
木龙骨

④ 红榉木饰面门详图 见本页图 ② $\frac{4}{—}$

图 4 - 13

第二节　制　图　实　例

一、教学楼室内设计图

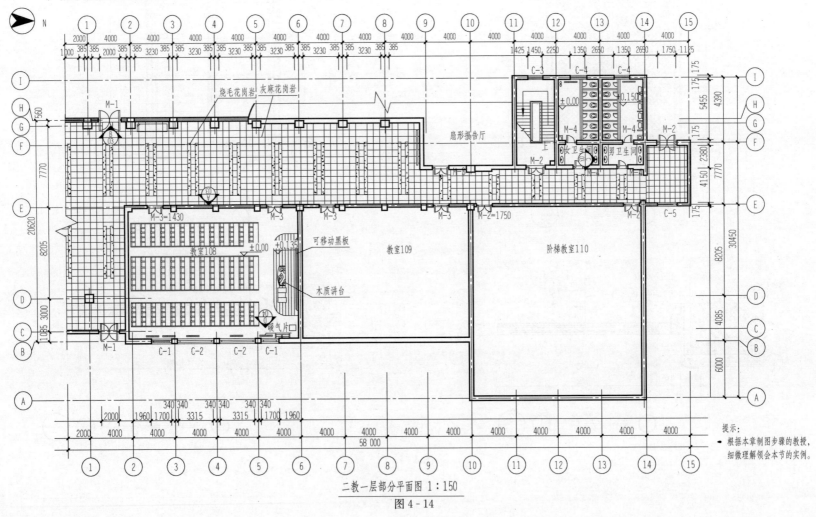

二教一层部分平面图 1：150

图 4-14

提示：
● 根据本章制图步骤的教授，细微理解领会本节的实例。

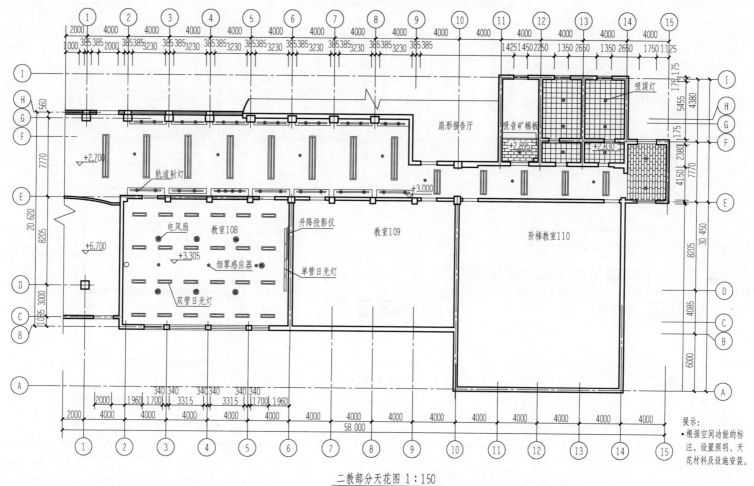

二教部分天花图 1:150

图 4-15

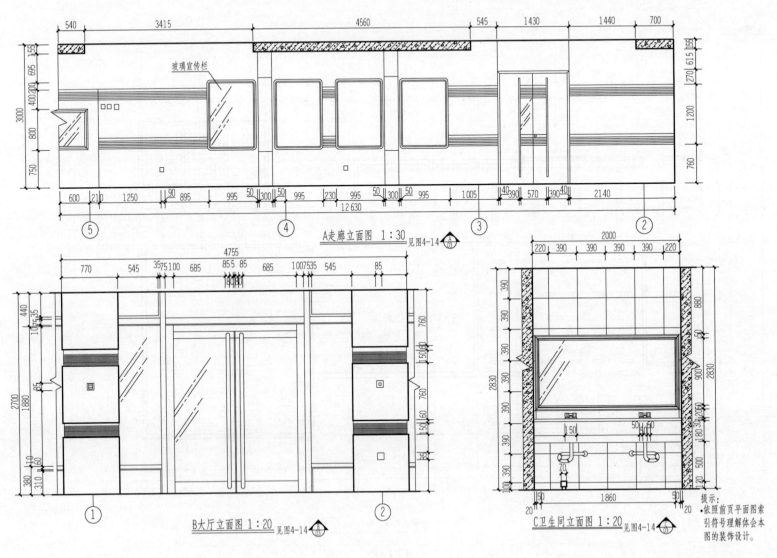

玻璃宣传栏

A走廊立面图 1:30 见图4-14

B大厅立面图 1:20 见图4-14

C卫生间立面图 1:20 见图4-14

提示:
·依照前页平面图索
引符号理解会本
图的装饰设计。

图 4 - 16

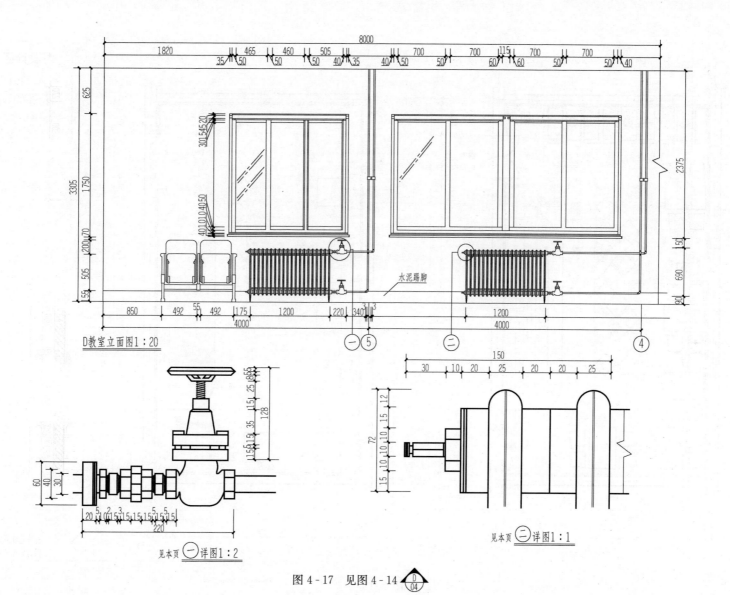

8000

1820   465   460   505   700   700   115   700   700
35 50   50   50   40 35   40 50   50   60 60   50   50 40

625

30 15 45 20
3305
1750

2375

40 10 10 40 50

200 70

水泥踢脚

55 505

850   492 55 492   175   1200   220 340 3   1200
4000   4000

150

690

90

D教室立面图1:20

─ 5   二   4

150
30   10 20   25   20   25
15 25 15
35
128
15 15 35
60
40
30
72
10 10 15 12
10 10 15

20 510 15 15 15 5 15
220

见本页 ─ 详图1:2

15 10 10 15

见本页 二 详图1:1

图 4-17   见图 4-14   D/04

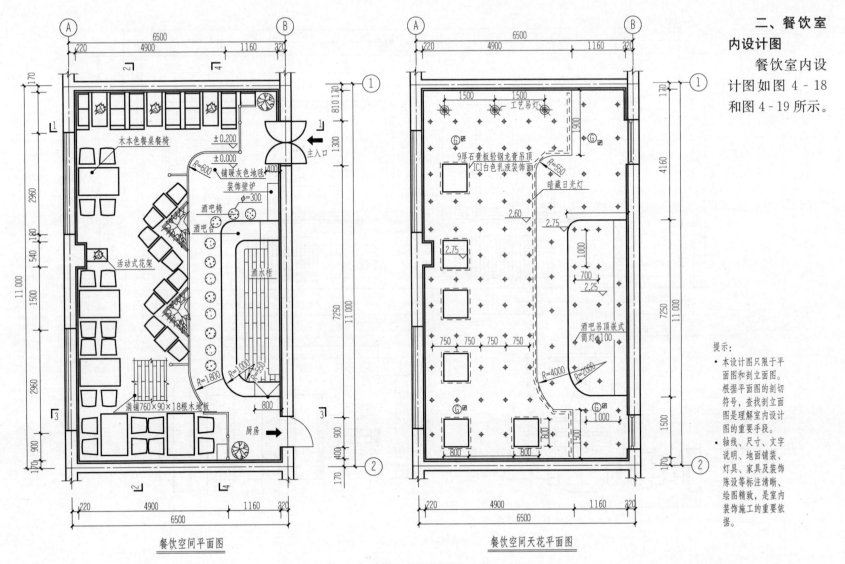

二、餐饮室
内设计图

餐饮室内设
计图如图4-18
和图4-19所示。

餐饮空间平面图

餐饮空间天花平面图

提示：
• 本设计图只限于平面图和剖立面图。根据平面图的剖切符号，查找剖立面图是理解室内设计图的重要手段。
• 轴线、尺寸、文字说明、地面铺装、灯具、家具及装饰陈设等标注清晰、绘图精致，是室内装饰施工的重要依据。

图 4-18

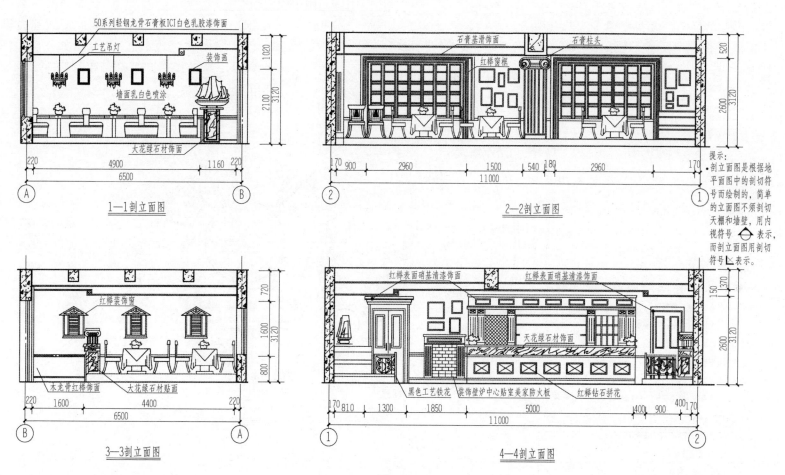

1—1剖立面图

50系列轻钢龙骨石膏板ICI白色乳胶漆饰面
工艺吊灯
装饰画
墙面乳白色喷涂
大花绿石材饰面

1020
2100
3120
220 4900 1160 220
6500
A B

2—2剖立面图

石膏基滑饰面   石膏柱头
红榉窗框

520
2600
3120
170 900 2960 1500 540 180 2960 170
11000
2 1

提示:
・剖立面图是根据地平面图中的剖切符号面绘制的,简单的立面图不须剖切天棚和墙壁,用内视符号 ⬦ 表示,而剖立面图用剖切符号 ↙ 表示。

3—3剖立面图

红榉装饰窗
木龙骨红榉饰面   大花绿石材贴面

720
1600
800
3120
220 1600 4400 220
6500
B A

4—4剖立面图

红榉表面硝基清漆饰面   红榉表面硝基清漆饰面
天花绿石材饰面
黑色工艺铁花 装饰壁炉中心贴室美家防火板 红榉钻石拼花

370
150
2600
3120
170 810 1300 1850 5000 400 900 400 170
11000
1 2

图 4-19

103

三、欧陆经典咖啡亭室内设计图

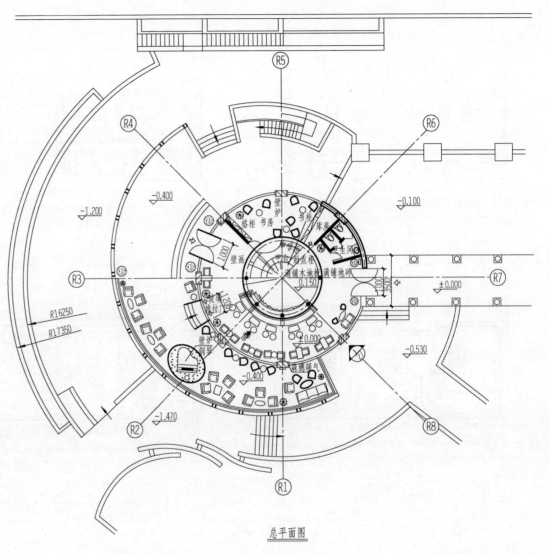

提示:

- 本方案是小区内的服务点,又可称为精美的景点,规模虽小,而设计精湛、完美,设施完善,功能多样,是超前、时尚、现代的休闲场所。如图4-20~图4-45所示。
- 整体建筑结构及室内设计新颖、独特、美观。
- 绘图考究完整,是一套具有识图与施工的重要图样,是学会识图的完整资料。
- 欧陆经典咖啡亭,总平面图的建筑轴线为从中下顺时针排列,由 (R1) ~ (R8)。
- 首层标高为 ±0.000 低于首层的标高为 -0.400 ~ -1.470 小数点后取三位。
  建筑布局有墙体、地面、台阶、门、地灯等标注。
- 认识功能区域划分及各种设施布局。

总平面图

图 4 - 20

104

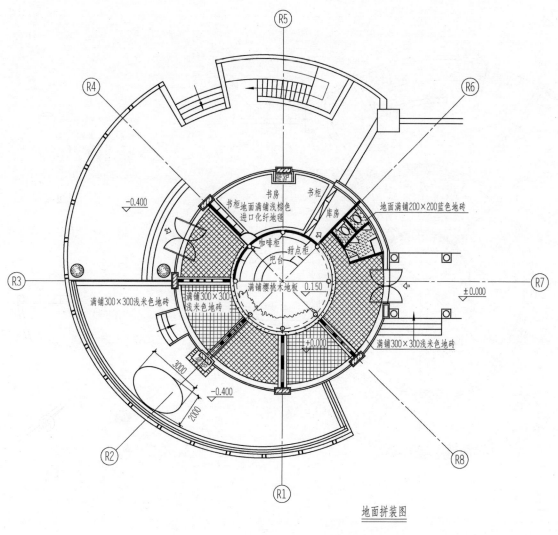

地面拼装图

图 4 - 21

提示:
• 地表面拼装的详图,包括
材质、色彩、图案及绿化
位置等。

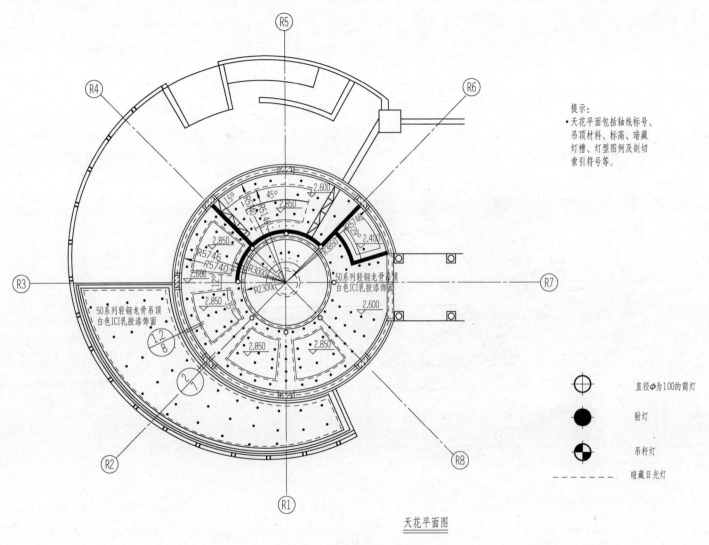

提示:
• 天花平面包括轴线标号、吊顶材料、标高、暗藏灯槽、灯型图例及剖切索引符号等。

50系列轻钢龙骨吊顶白色ICI乳胶漆饰面

50系列轻钢龙骨吊顶白色ICI乳胶漆饰面

直径Φ为100的筒灯

射灯

吊杆灯

暗藏日光灯

天花平面图

图 4 - 22

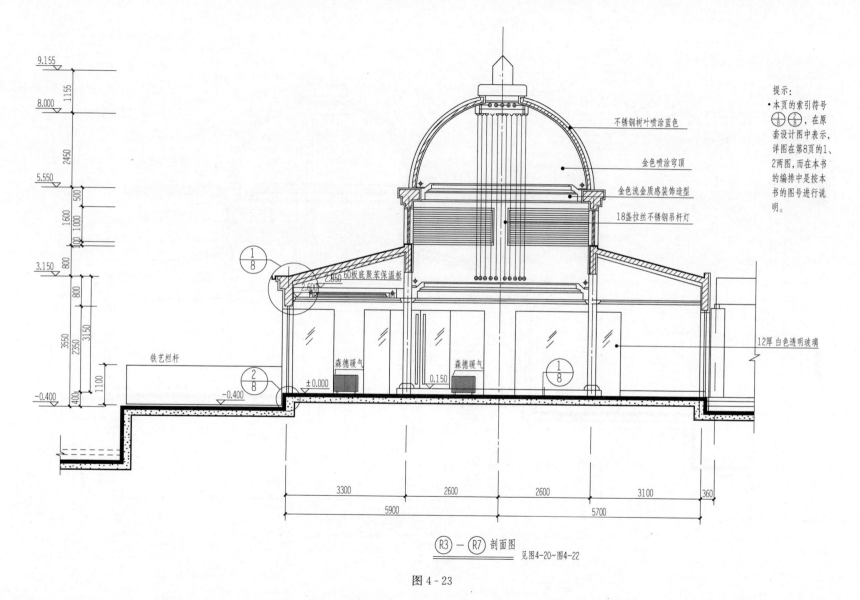

不锈钢树叶喷涂蓝色

金色喷涂穹顶

金色流金质感装饰造型

18盏拉丝不锈钢吊杆灯

50.60板底聚苯保温板

12厚 白色透明玻璃

铁艺栏杆

森德暖气

森德暖气

提示：
• 本页的索引符号
$\frac{1}{8}$、$\frac{2}{8}$，在原
套设计图中表示，
详图在第8页的1、
2两图，而在本书
的编排中是按本
书的图号进行说
明。

9.155
1155
8.000
2450
5.550
500
1600 1000
100
3.150 800
800
3550 3150
2350
1100
-0.400 400

2.850
2.600
±0.000
0.150
-0.400

3300   2600   2600   3100   360
5900   5700

R3 — R7 剖面图
见图4-20~图4-22

图 4-23

107

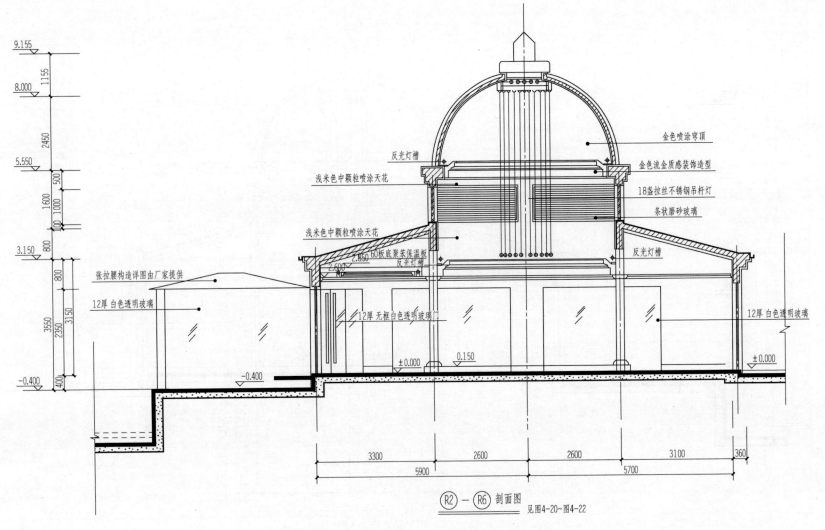

金色喷涂穹顶

反光灯槽

金色流金质感装饰造型

浅米色中颗粒喷涂天花

18盏拉丝不锈钢吊杆灯

条状磨砂玻璃

浅米色中颗粒喷涂天花

50 60板底聚苯保温板

反光灯槽

反光灯槽

张拉膜构造详图由厂家提供

12厚 白色透明玻璃

12厚无框白色透明玻璃门

12厚 白色透明玻璃

12厚 白色透明玻璃

9.155
1155
8.000
2450
5.550
500
1600 1000
100 800
3.150
800
2.850
2.600
3550 2350 3150
±0.000
0.150
±0.000
-0.400
-0.400
400

3300 2600 2600 3100 360
5900 5700

R2 — R6 剖面图
见图4-20~图4-22

图 4-24

108

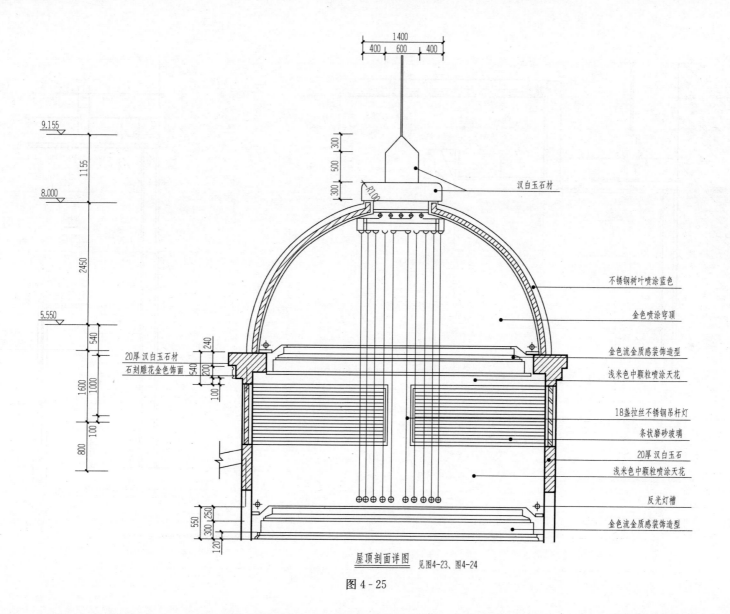

屋顶剖面详图 见图4-23、图4-24

图 4-25

汉白玉石材

不锈钢树叶喷涂蓝色

金色喷涂穹顶

金色流金质感装饰造型

浅米色中颗粒喷涂天花

18盏拉丝不锈钢吊杆灯

条状磨砂玻璃

20厚 汉白玉石

浅米色中颗粒喷涂天花

反光灯槽

金色流金质感装饰造型

20厚 汉白玉石材
石刻雕花金色饰面

1400
400 600 400

9.155
1155
8.000
2450
5.550
540
1600
1000
100
800

300
500
300

240
540
200
100

550
300
250
120

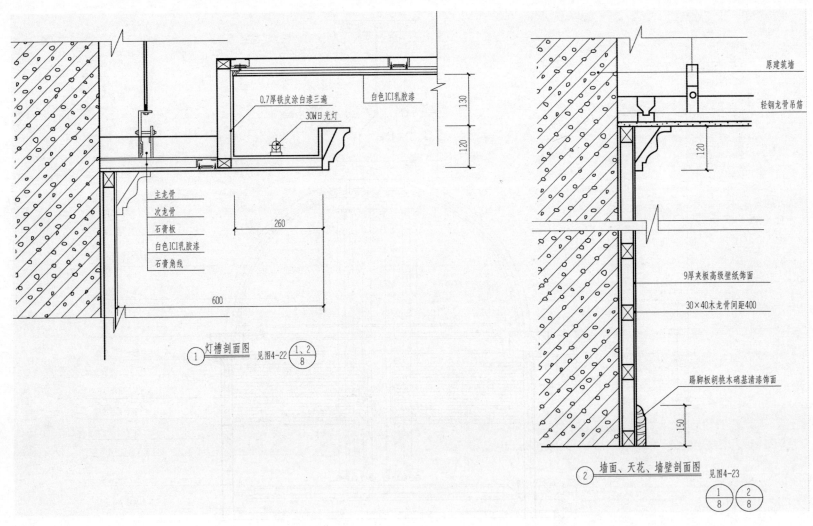

0.7厚铁皮涂白漆三遍

白色ICI乳胶漆

30W日光灯

130

120

主龙骨
次龙骨
石膏板
白色ICI乳胶漆
石膏角线

260

600

① 灯槽剖面图 见图4-22 $\frac{1、2}{8}$

原建筑墙

轻钢龙骨吊筋

120

9厚夹板高级壁纸饰面

30×40木龙骨间距400

踢脚板胡桃木硝基清漆饰面

150

② 墙面、天花、墙壁剖面图 见图4-23

$\frac{1}{8}$ $\frac{2}{8}$

图 4-26

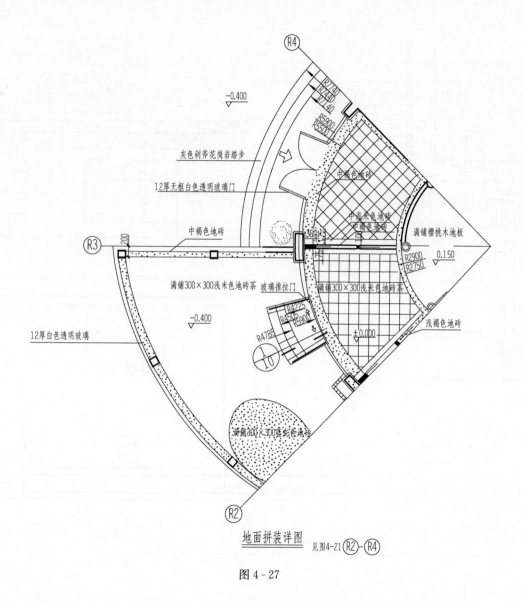

R4

−0.400

灰色剁斧花岗岩踏步

12厚无框白色透明玻璃门

R2740
R2740

R5900
R5500

中褐色地砖

中浅木色地砖
中褐色地砖

满铺樱桃木地板

0.150

中褐色地砖

R3   200

满铺300×300浅米色地砖茶   玻璃推拉门

−0.400

12厚白色透明玻璃

150

R2900
R2750

满铺300×300浅米色地砖茶

浅褐色地砖

±0.000

R4225
R4505
R4590

R4785

1
10

满铺300×300蓝灰色地砖

R2

地面拼装详图 见图4-21 (R2)～(R4)

图 4 - 27

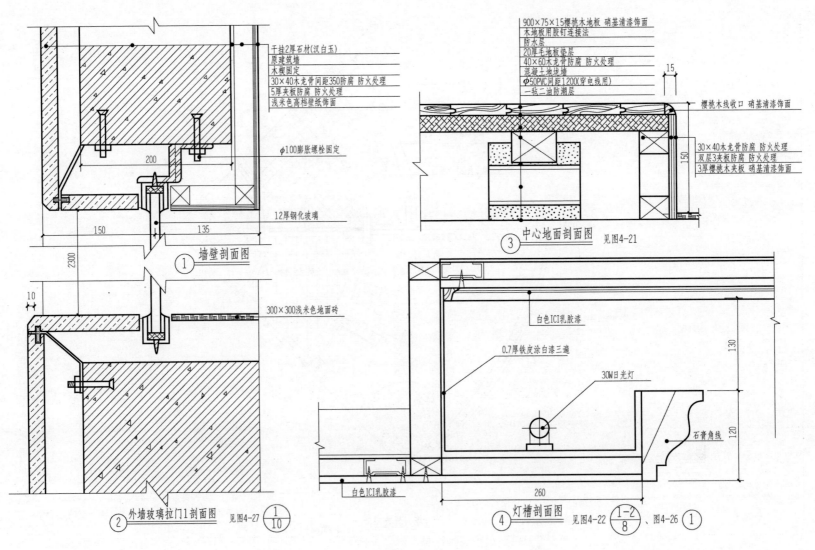

干挂2厚石材(汉白玉)
原建筑墙
木楔固定
30×40木龙骨间距350防腐 防火处理
5厚夹板防腐 防火处理
浅米色高档壁纸饰面

φ100膨胀螺栓固定

12厚钢化玻璃

200

150   135

2300

① 墙壁剖面图

10

300×300浅米色地面砖

② 外墙玻璃拉门1剖面图   见图4-27 ①/10

900×75×15樱桃木地板 硝基清漆饰面
木地板用胶钉连接法
防水层
20厚毛地板垫层
40×60木龙骨防腐 防火处理
混凝土地墙
φ50PVC间距1200(穿电线用)
一毡二油防潮层

15

樱桃木线收口 硝基清漆饰面

30×40木龙骨防腐 防火处理
双层3夹板防腐 防火处理
3厚樱桃木夹板 硝基清漆饰面

150

③ 中心地面剖面图   见图4-21

白色ICI乳胶漆

0.7厚铁皮涂白漆三遍

30W日光灯

石膏角线

130

120

白色ICI乳胶漆

260

④ 灯槽剖面图   见图4-22 ①-②/8 、图4-26 ①

图 4-28

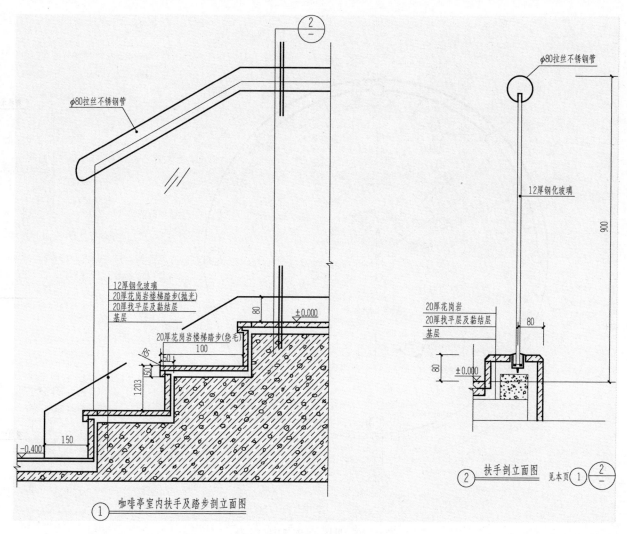

φ80拉丝不锈钢管

φ80拉丝不锈钢管

12厚钢化玻璃

12厚钢化玻璃
20厚花岗岩楼梯踏步(抛光)
20厚找平层及黏结层
基层

20厚花岗岩楼梯踏步(烧毛)

20厚花岗岩
20厚找平层及黏结层
基层

900

80

±0.000

100

R5

50

50

120 3

150

80

±0.000

-0.400

咖啡亭室内扶手及踏步剖立面图
① ─

② 扶手剖立面图   见本页 ① ② ─

图 4-29 见图 4-20 和图 4-21

113

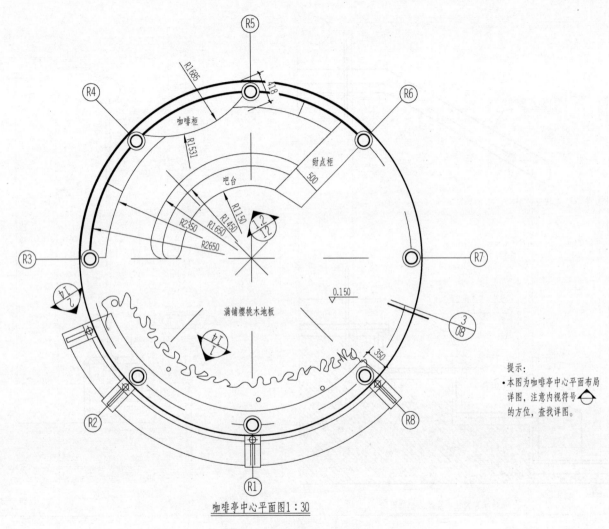

咖啡亭中心平面图1:30

图4-30　见图4-20和图4-21

提示:
● 本图为咖啡亭中心平面布局
　详图,注意内视符号 ⬡
　的方位,查找详图。

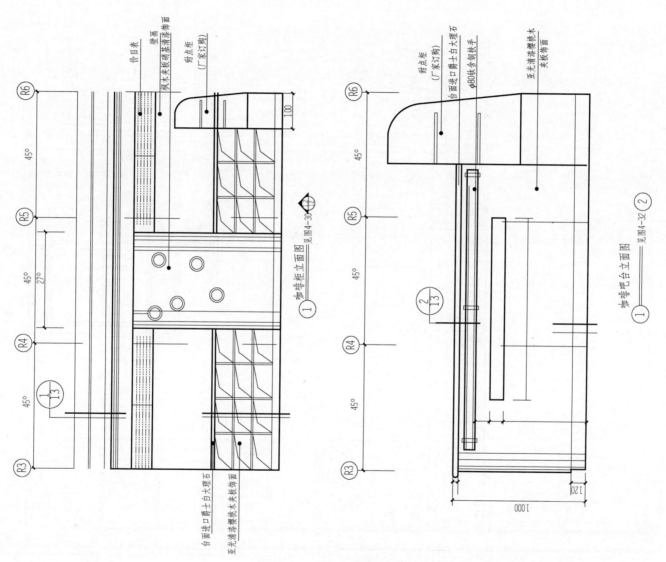

价目表

壁画

饰木夹板基层清漆饰面

甜点柜
（厂家订购）

R6

45°

R5

45°　27°

R4

1
13

45°

R3

咖啡柜立面图　见图4-30 〔R3〕

1

台面进口爵士白大理石

亚光清漆樱桃木夹板饰面

100

甜点柜
（厂家订购）

台面进口爵士白大理石

φ80钛合铜拉手

亚光清漆樱桃木
夹板饰面

R6

45°

R5

2
13

45°

R4

45°

R3

咖啡吧台立面图　见图4-32 ②

1

2

120

1000

图 4-31　见图 4-30〔R3〕～〔R6〕

115

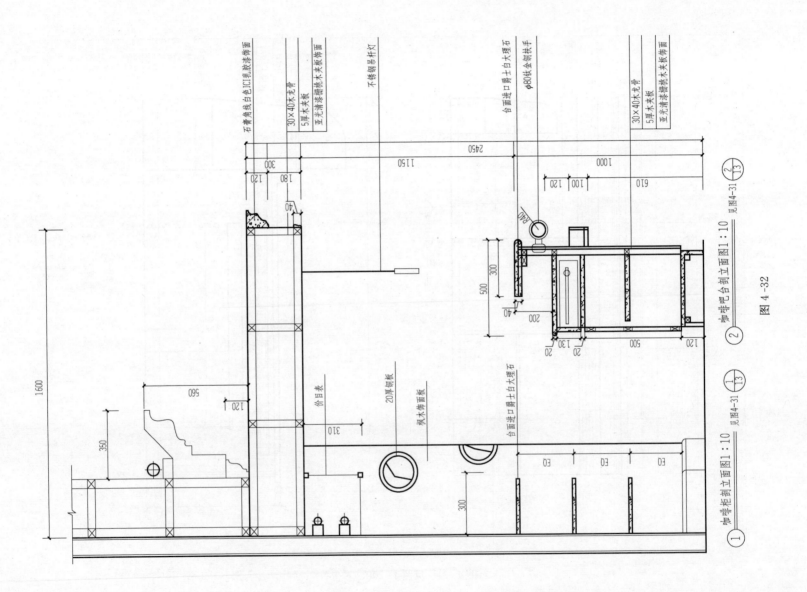

咖啡柜前立面图1：10
见图4-31 ①/13

咖啡吧台剖立面图1：10
见图4-31 ②/13

石膏角线白色ICI乳胶漆饰面

30×40木龙骨
5厚木夹板
亚光清漆橡木夹板饰面

不锈钢吊杆灯

台面进口爵士白大理石
φ80钛金镜扶手

30×40木龙骨
5厚木夹板
亚光清漆橡木夹板饰面

价目表

20厚铝板

饰木饰面板

台面进口爵士白大理石

图4-32

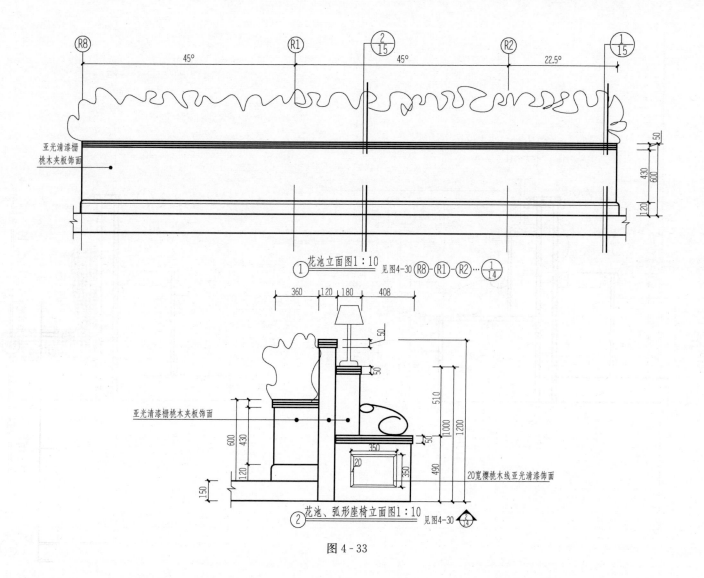

亚光清漆棚
桃木夹板饰面

45°　　　45°　　　22.5°

R8　R1　2/15　R2　1/15

50
430
600
120

① 花池立面图1：10　见图4-30 R8-R1-R2…1/14

360　120　180　408

亚光清漆棚桃木夹板饰面

50
50
510
1000
1200
600
430
120
150
490
350
20
350
50

20宽樱桃木线亚光清漆饰面

② 花池、弧形座椅立面图1：10　见图4-30　2/14

图 4 - 33

117

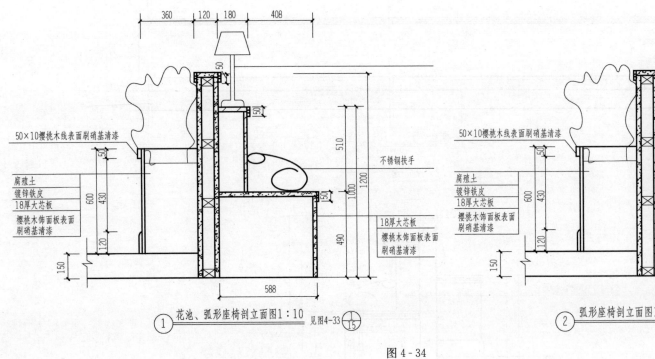

50×10樱桃木线面表刷硝基清漆

不锈钢扶手

腐殖土
镀锌铁皮
18厚大芯板
樱桃木饰面板表面
刷硝基清漆

18厚大芯板
樱桃木饰面板表面
刷硝基清漆

360　120　180　408

50

50

510
1000
1200

600　430　120　150

490

588

① 花池、弧形座椅剖立面图1:10　见图4-33 ①/15

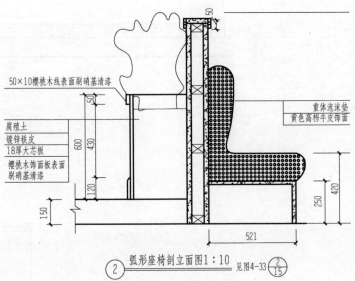

50×10樱桃木线面表刷硝基清漆

重体泡沫垫
黄色高档车皮饰面

腐殖土
镀锌铁皮
18厚大芯板
樱桃木饰面板表面
刷硝基清漆

50

600　430　120　150

420　250

521

② 弧形座椅剖立面图1:10　见图4-33 ②/15

图4-34

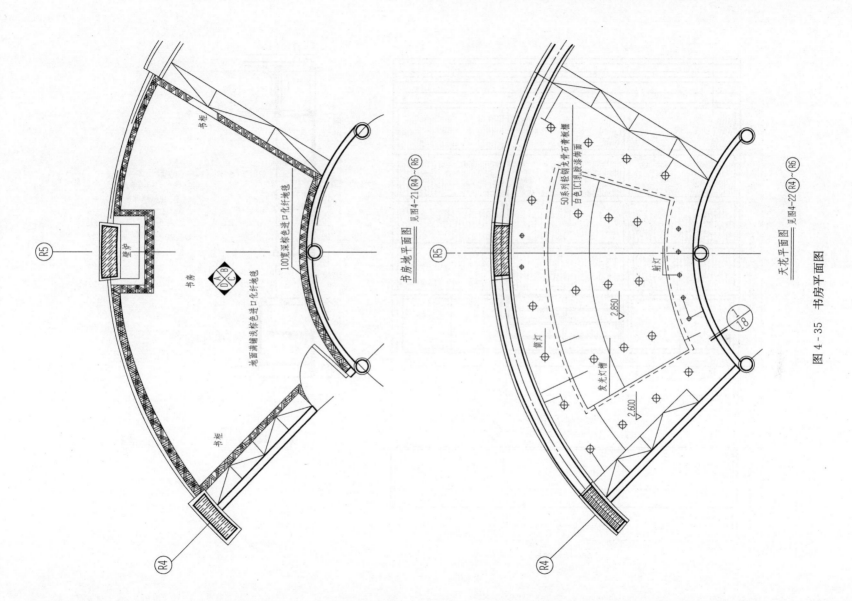

书房地平面图 见图4-21 R4~R6

R5

书柜

书房

壁炉

100毫米深棕色进口化纤地毯

地面满铺浅棕色进口化纤地毯

书柜

R4

天花平面图 见图4-22 R4~R6

R5

50系列经销龙骨石膏板吊棚
白色ICI乳胶漆饰面

射灯

筒灯

2.850

发光灯槽

2.600

R4

图 4 - 35 书房平面图

119

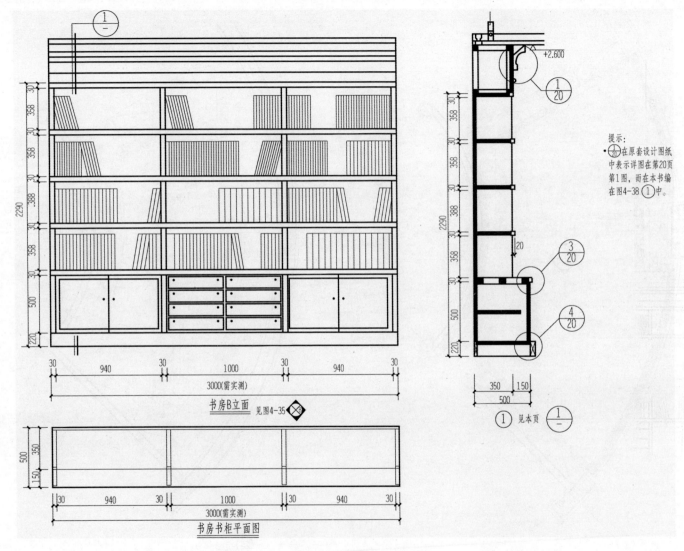

提示:
● 20/① 在原套设计图纸
中表示详图在第20页
第1图,而在本书编
在图4-38 ① 中。

书房B立面 见图4-35 ⊗B

书房书柜平面图

图 4-36   见图 4-35

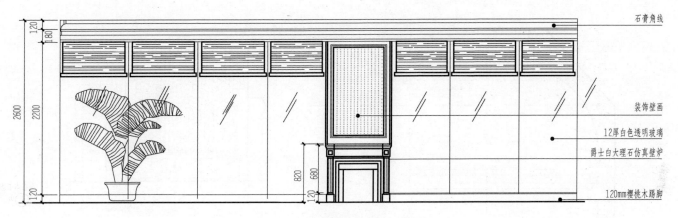

石膏角线

装饰壁画

12厚白色透明玻璃

爵士白大理石仿真壁炉

120mm樱桃木踢脚

书房A立面1:30

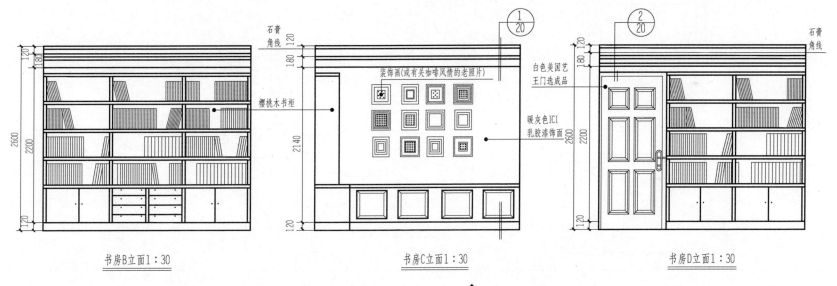

石膏角线

樱桃木书柜

书房B立面1:30

装饰画(或有关咖啡风情的老照片)

暖灰色ICI乳胶漆饰面

书房C立面1:30

白色美国艺王门选成品

石膏角线

书房D立面1:30

图4-37　见图4-35

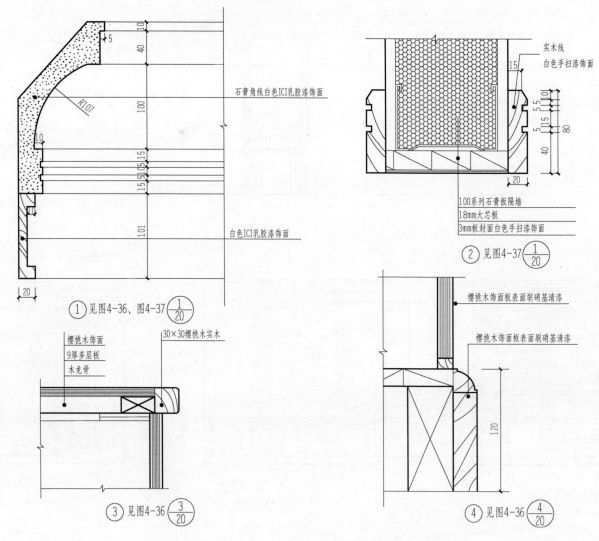

石膏角线白色ICI乳胶漆饰面

R107

白色ICI乳胶漆饰面

① 见图4-36、图4-37 $\frac{1}{20}$

实木线
白色手扫漆饰面

100系列石膏板隔墙
18mm大芯板
3mm板封面白色手扫漆饰面

② 见图4-37 $\frac{1}{20}$

樱桃木饰面
9厚多层板
木龙骨

30×30樱桃木实木

③ 见图4-36 $\frac{3}{20}$

樱桃木饰面板表面刷硝基清漆

樱桃木饰面板表面刷硝基清漆

④ 见图4-36 $\frac{4}{20}$

图 4-38

122

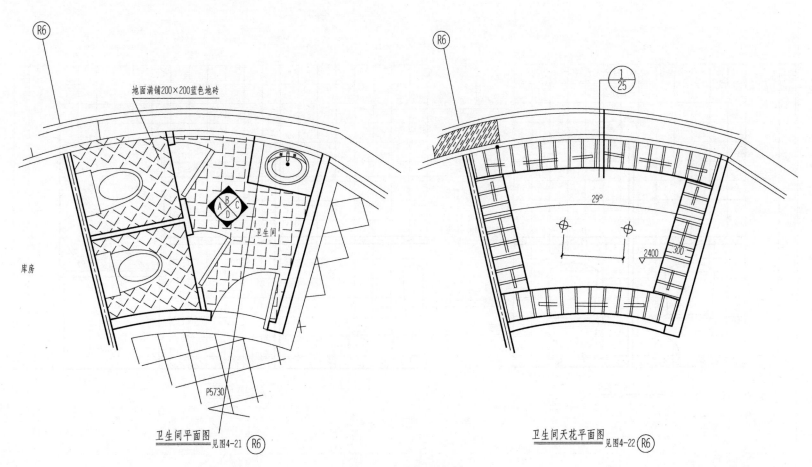

地面满铺200×200蓝色地砖

R6

R6

库房

卫生间

A B C D

P5730

卫生间平面图
见图4-21 R6

1/25

29°

2400 300

卫生间天花平面图
见图4-22 R6

图 4-39 卫生间平面图

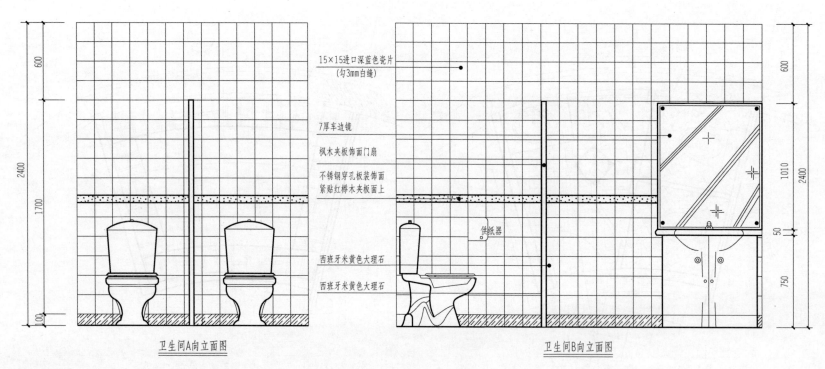

15×15进口深蓝色瓷片
(勾3mm白缝)

7厚车边镜

枫木夹板饰面门扇

不锈钢穿孔板装饰面
紧贴红榉木夹板面上

供纸器

西班牙米黄色大理石

西班牙米黄色大理石

卫生间A向立面图

卫生间B向立面图

图 4 - 40　见图 4 - 39

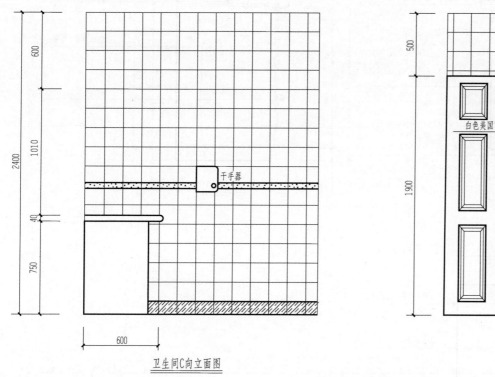

卫生间C向立面图

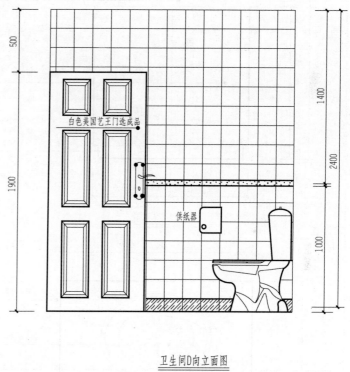

卫生间D向立面图

图4-41　见图4-39

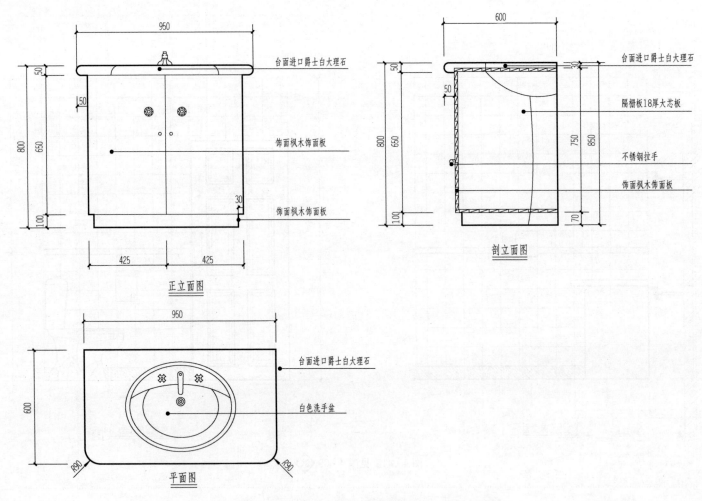

950

台面进口爵士白大理石

50

50

800

650

饰面枫木饰面板

100

30

饰面枫木饰面板

425   425

正立面图

600

台面进口爵士白大理石

50

30

50

隔栅板18厚大芯板

800

650

750

850

不锈钢拉手

100

70

饰面枫木饰面板

剖立面图

950

台面进口爵士白大理石

600

白色洗手盆

R90   R90

平面图

图4-42   卫生间洗手盆详图（距离见图4-40B向立面图）

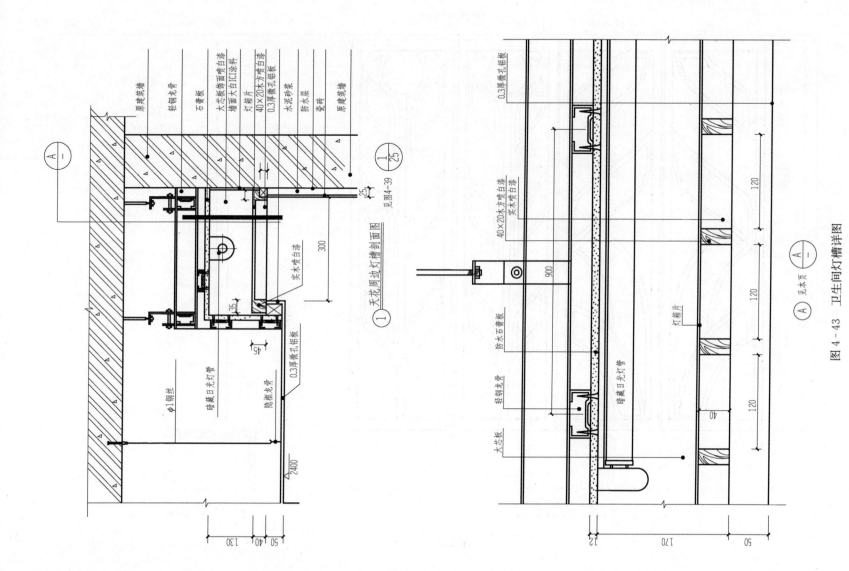

原建筑墙
轻钢龙骨
石膏板
大芯板饰面喷白涂料
墙面大白ICI涂料
灯箱片
40×20木方喷白漆
0.3厚微孔铝板
水泥砂浆
防水层
瓷砖
原建筑墙

A
—

25

见图4-39

1
25

实木喷白漆

$\frac{1}{25}$

天花周边灯槽剖面图

300

35

45

φ1钢丝

暗藏日光灯管

隐框龙骨

0.3厚微孔铝板

2400

130 40 50

0.3厚微孔铝板

40×20木方喷白漆
实木喷白漆

120

防水石膏板

轻钢龙骨

大芯板

900

灯箱片

暗藏日光灯管

40

120

120

120

A
—

见本页

A
—

50 170 12

图4-43 卫生间灯槽详图

127

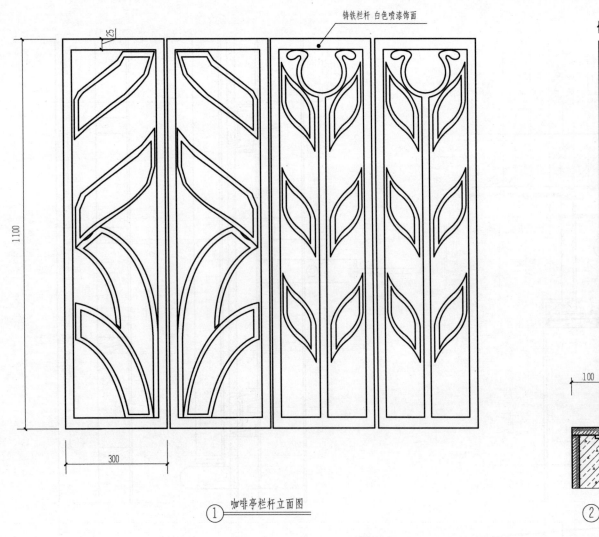

铸铁栏杆 白色喷漆饰面

铸铁栏杆 白色喷漆饰面

60×60×6预埋铁件埋件中距700

① 咖啡亭栏杆立面图

② 咖啡亭栏杆剖立面图

图 4 - 44

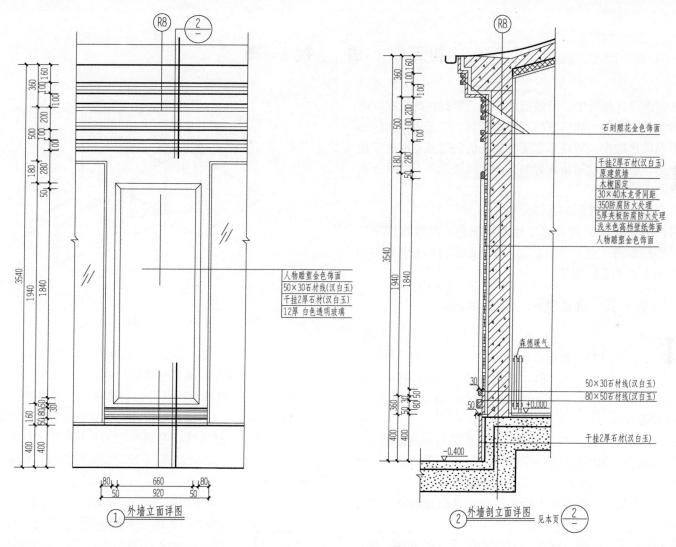

人物雕塑金色饰面
50×30石材线(汉白玉)
干挂2厚石材(汉白玉)
12厚 白色透明玻璃

石刻雕花金色饰面

干挂2厚石材(汉白玉)
原建筑墙
木楔固定
30×40木龙骨间距
350防腐防火处理
5厚夹板防腐防火处理
浅米色高档壁纸饰面
人物雕塑金色饰面

森德暖气

50×30石材线(汉白玉)
80×50石材线(汉白玉)

干挂2厚石材(汉白玉)

① 外墙立面详图

② 外墙剖立面详图 见本页 ②／—

图 4 - 45   见图 4 - 20 R8

129

第五章 透视图

透视图在室内设计制图中，是最后的环节，掌握它的难点有两方面：一是对复杂的透视图的形成原理较难理解；二是用较大的图纸而获得的图形却比较小。所以本章所要解决的问题是不用过多地去理解透视原理，就可以绘制出理想的室内空间透视图，其具体途径为：

（1）着重掌握绘制透视图的具体操作方法。

（2）在有限的图纸上，最大限度地利用图面，有效地控制站点、距点和灭点的距离，进而采取缩短、取消和虚设的办法延伸场景的空间而不至失去真实的效果。

第一节 透视空间 透视术语

一、透视空间

为了理解和掌握先辈们所创造的透视方法，人们拟定了绘制透视图所应具备的各种因素——人、物、画面及其他，从而构成了透视空间。它向人们展示了产生透视图像的必备条件，如图 5-1 所示。

二、透视术语

透视的术语表达了一定的概念，点、线、面是构成透视图的基础，掌握透视的初步必须理解这些术语的含义。术语是以英文单词字头来表示的，如图 5-2 所示。

（1）GP——基面，透视空间中的水平面，是放置物体、画面与画者的平面。

（2）PP——画面，透视空间中与基面 GP 垂直的平面，是一假想的透明作图平面——即图纸。

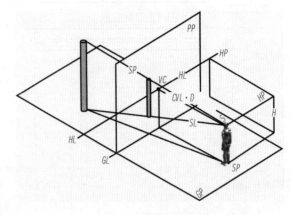

图 5-1 透视空间示意图

（3）GL——基线，基面 GP 与画面 PP 的交接线。

（4）S——视点，画者眼睛的位置。

（5）SL——视线，视点 S 与物体各点的设想连线。

（6）HP——视平面，以视点高度所作的设想水平面。

（7）HL——视平线，是视平面 HP 与画面 PP 的交接线。

（8）VC——视心，是视线 SL 与视平线 HL 的垂直交点，又称中心灭点。

（9）CVL——视中线，视点 S 至视心 VC 的连线。

（10）SP——站点，是画者在基面 GP 上的站立位置。

（11）H——视高，视点 S 到基面 GP 的垂直距离，也是视平面 HP 至基面 GP 的垂直距离。

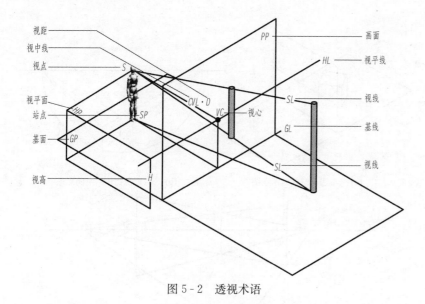

图 5-2 透视术语

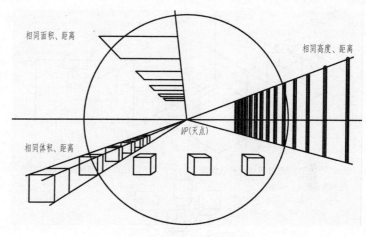

图 5-3 透视图概念示意图

（12）*D*——视距，视点 *S* 至画面 *PP* 的垂直距离，即与视中线 CVL 等长。

（13）*VP*——灭点，是物体各点的透视线与视平线的交点，也称消失点。平行透视的物体只有一个灭点，而成角透视有左、右两个灭点。如图 5-3～图 5-5。

（14）*M*——量点，物体尺度的测量点。

第二节　透视图概念

物体是具有长、宽、高的空间体。

一、空间体特点

（1）具有相同体积、面积、高度、距离的空间体，如图 5-3 所示。

（2）会出现的现象——近大远小、近高远低、近宽远窄、近疏远密。

二、一点透视

（1）当空间体有一个面与画面 *PP* 平行时，所形成的透视称为一点透视，又称为平行透视。如图 5-4 所示。空间体的三组轮廓线（长、宽、高）中有两组与画面平行，另一组与画面垂直，其垂直轮廓线聚焦于视平线上一点，此点称为视心 *VC*，也称中心灭点。

（2）适合表现——景观、街景、室内等空间。

（3）感观效果——静态、简化、庄重、稳定，但是较刻板。

三、二点透视

（1）当空间体的垂直棱线与画面 *PP* 平行，其水平棱线与基面 *GP* 平行并聚交于左右两个灭点时所形成的透视称为两点透视，也叫成角透视。如图 5-5 所示。

（2）适合表现——环境、建筑、室内空间等。

（3）感观效果——动态、活泼。

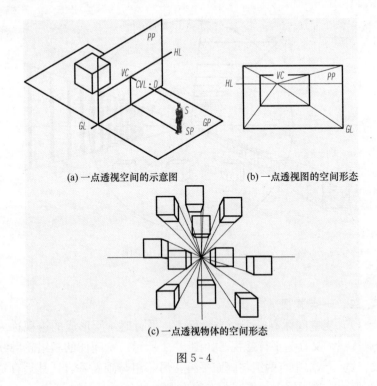

(a) 一点透视空间的示意图   (b) 一点透视图的空间形态

(c) 一点透视物体的空间形态

图 5-4

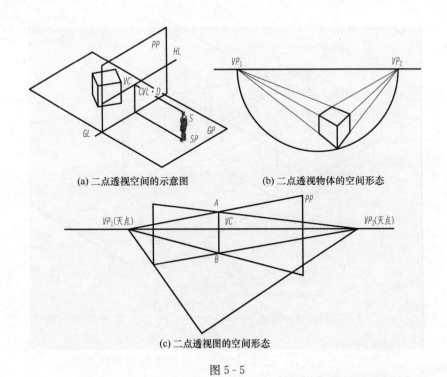

(a) 二点透视空间的示意图   (b) 二点透视物体的空间形态

(c) 二点透视图的空间形态

图 5-5

第三节 透 视 图

透视图是由较抽象的二维平面图和立面图转换成三维空间的图形。透视图的种类可分为一点透视、二点透视和三点透视三种，而室内装饰设计只涉及前两种，所以本章只介绍一点透视与二点透视，绘制的方法采用简便、快捷的网格透视方法。

一、网格法

(1) 网格是专指 1：1 的方格，经实践证明方网格法最容易理解和掌握，可将图形放大、缩小或转化为透视形，在空间设计中，网格法广泛应用在建筑、室内、工业、规划等设计领域。

(2) 绘制方法是用直线坐标的原理，先将二维的平面图形根据需要划分成 1：1 网格，如图 5-6 (a) 所示。

再将平面网格转化成透视网格，如图 5-6 (b) 所示。

再依次标示出平面图形与透视图形相对应的坐标点，然后依次连接各点完成平面图形与透视图形如图 5-7 所示。

(3) 网格法透视图，可以突破三棱比例尺的尺度范围，完全以网格为单位来计算尺度，这样可以充分利用图纸的面积，在有限的图纸上绘制出最大限度的透视图。

目前国内基本采用 A 系列图纸，所以本节所介绍的网格法透

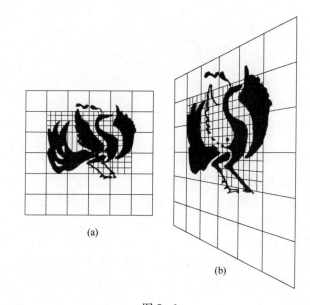

(a)

(b)

图 5 - 6

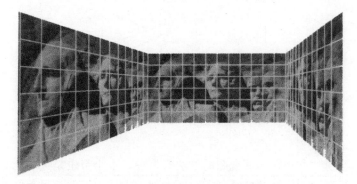

图 5 - 7　网格法平面形转化成透视图形示意图

视图以 A4 图纸为例。

A4 图纸规格为 210mm×297mm，其数据的计算完全是以 A4

为依据的，若采用 A3 图纸可将 A4 图形的数据扩大 1.5 倍，若采用 A2 图纸可将数据扩大为 2 倍，若采用 A1 则扩大 3.5 倍。

二、网格法透视图

本节介绍的四种网格透视图，很具有实用价值，绘制方法简便、易记，可以比较轻松地绘制出室内装饰设计效果图。以下所有数据是根据 A4 纸面而设定。

1. 一点透视图

（1）设：普通居室长、宽、高为 4m×4m×2.5m；

用距离点 D 作一点室内网格透视图，如图 5 - 8 所示。

设以 60mm 表示 1m，可在 A4 图纸上，绘出最大限度的一点室内网格透视图。

只要能够掌握具体作图方法，至于"为什么"并不重要。

（2）作图：设定图纸中 60mm 表示实际物体 1m。

设：$A-B=240$（4m 居室长）

$B-GP=150$（2.5m 居室高）

$H-GP=105$（视高 $H=1.75$m）

$HL-VC=80$（VC 必在 $HL-H$ 中央 1/3 以内，即 $A-B$ 的 1/3 以内）

$VC-D/2=AB/2=120$（设定）

（3）作图步骤：

按设定条件绘制室内透视空间。

1）连接 $VC-0.5$、$VC-1.0$（可理解为第 1、2 条线），如图 5 - 8（a）所示。

2）$D/2$ 为距点的 1/2 相当 $AB/2$（设定）连接 $O-D/2$ 交 $VC-0.5$ 于 S 点，如图 5 - 8（b）所示。

3）过 S 作水平线，交于 $VC-1.0$ 的 S' 点，如图 5 - 8（b）所示。

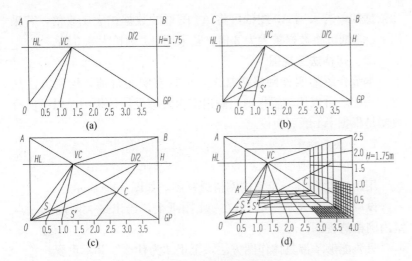

图 5-8　一点透视作图步骤

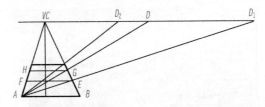

图 5-9　用目测和估计绘制的正方透视图形

4）连 $O-S'$ 延长交 C 点，OC 即为室内长、宽 4m×4m 的 45°对角线，如图 5-8（c）所示，$C-GP$ 即为室内进深。作室内透视线 $A-VC$、$B-VC$。

5）以 C 点作水平线，交 A'，$A'O4C$ 梯形即为地平面透视图形，如图 5-8（d）所示。

6）连接 VC 和底边尺寸各分割点与 OC 相交各点作水平线，形成室内地面方网格透视图形。

7）分割天棚与墙面透视网格，完成室内透视空间。

• 进深的理解。

了解和熟悉用距离点求作空间进深后，其实凭借感觉也可以较简便地绘出室内空间透视图形的进深位置。

图 5-9 为用目测和估计绘制的正方透视图形。

（1）视距 $VC-D$ 是 AB（物体中最长尺度部分）的 1.5～2 倍，所绘制的正方透视图形 $ABGH$ 正常而真实。

（2）$VC-D_1$ 视距过大超过 AB 2 倍以上，透视图形 $ABEF$ 过于狭窄，不适宜表现空间的内容。

（3）$VC-D_2$ 视矩过小，产生严重变形，似长方形的透视图形，失去正方形的真实感。

如图 5-10 所示，物体与视距之比为 1.5～2 时，其视角为 28°～37°，是最为理想的视觉范围，透视图的立体感和空间感最强，也最有表现力。因此图 5-8（d）中的 $O4CA'$ 可以凭借感觉绘出近似求作的空间。

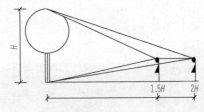

图 5-10　最适宜的视距比为：$H：1.5H～2H$

2. 一点斜透视图

绘制一点网格斜透视图的方法有多种，本小节也是选用能充分利用图面、方法简便的绘制方法，类似一点透视，但有显著的两点透视的视觉效果。

仍以 A4 图纸为例，进行图面设定安排，如图 5-11 所示。

（1）设：居室空间仍为 4m×4m×2.5m，图纸中以 60mm 表

134

示 1m。

$A-B=240$（长 4m）

$B-GP=150$（高 2.5m）

$H-GP=105$（视高 $H=1.75$m）

$HL-VC=80$（即 VC 点在中央 1/3 内）

$C-C'=80$（参照图 5-9 凭感觉设定理想进深）

$E-B=30$（设定）

（2）作图：如图 5-11 所示。

1）图 5-11（a）。

作 $E-B=30$ 及室内透视线。

由 E 作垂直线交 B'、C。

连接 $A-B'$、$O-C$，$AOCB$ 为空间透视形。

连接 VC 与底边中点 F（2.0）。

设定 $C-C'=80$（进深）。

2）图 5-11（b）。

连接 $O-C'$ 与中线 $VC-F$ 交于 F' 点（地面透视形中心点）；

连 $C-F'$ 延长交于 A'；

连 $A'-C'$，求出地面斜透视形 $OCC'A'$。

3）图 5-11（c）。

以 VC 连接底边各尺寸分割点，过地面相交于对角线 $O-C'$、CA' 的两侧各相对应点；

连接各相应点，形成远距灭点的地面横向透视线，并延长相交于地角线。

4）图 5-11（d）。

以地角线的各点引垂直线与顶棚线相交；

以 VC 与墙壁真高线各分点，连接透视线，将墙面绘成透视网格；

最后将所需各界面绘成网格，细部可用更小网格绘制；

完成网格一点斜透视图形。

3．一点斜透视实例

• 网格一点斜透视

设：室内空间为 5m×5m×2.8m；

作图：室内一点斜透视效果图。

1）作室内平面图和立面图。

2）在平面图与立面图上按 500×500 划分网格，并绘出家具位置，如图 5-12 所示。

3）依室内设定条件，绘出透视空间框架，并确定家具在地面平面透视网格中的位置，由此引出垂线，图 5-13（a）所示。

4）在图框线上（真高线）量出家具尺寸引透视线，作出家具在空间中的透视高度及图形，如图 5-13（b）所示。

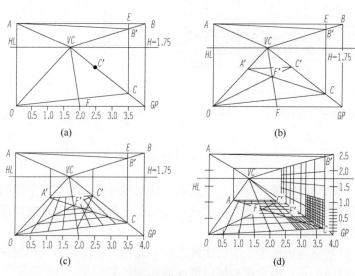

(a)　(b)

(c)　(d)

图 5-11　按设定条件绘制室内透视框架

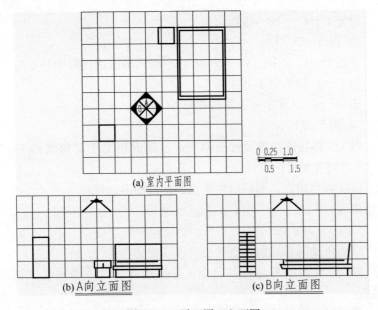

(a) 室内平面图

0 0.25 1.0
0.5 1.5

(b) A向立面图

(c) B向立面图

图 5-12　平面图、立面图

5）在天棚中，用对角线找出中心点，按尺寸下垂 500，画出吊灯形体。

6）进行细部刻画，完成一点斜透视图。

• 依上述实例绘图步骤，同理可推绘出一点透视、二点透视及远距二点透视图。

1）在整体严格透视的基础上，有时也要凭感觉加以适当调整，使其理性的机械图形，符合人们的视觉习惯。

2）细微部分，如层次、肌理、质感等，更要凭借深入逐步完善。

4. 二点透视图

（1）二点网格透视图所涉及的条件因素较多，往往绘制出来的

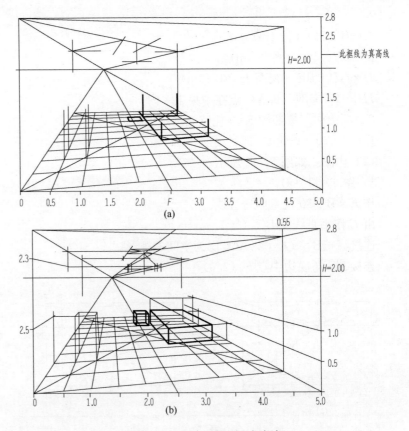

图 5-13　室内透视图空间框架

结果与预期的效果有差距，现择取一种比较适合表现室内空间的二点网格透视图，使其视心，测量点与灭点三者之间的关系按设定的数据锁定布置、熟记。

根据室内透视图绘制的实践经验，此种方法能够恰当地解决图面的布局关系，能合理地展示图面的构图效果。

（2）依然以 A4 图纸计划安排图面，如若扩大为 A3、A2 等图面时，就要计算好设定数据的增减转换关系，按倍数放大或缩小。

在室内两点透视图中，较适宜表现室内的某处角落，如若表现较大场面，可扩大比例将实例中的 1m 作为 2m、3m、4m 等。

（3）作图，如图 5-14（a）所示。

设：室内空间长、宽、高为 3.5m×3m×2.5m，图纸中以 20mm 代表实物 1m，以下数据完全为设定，单位为 mm。

$VP_1-VP_2=240$（适合 A4 幅面，VP_1-VP_2 为视平线）

$VP_1-M_2=90$

$M_2-VC=60$

$VC-M_1=40$

$M_1-VP_2=50$

$A-B=50$（高为 2.5m）

$A-VC=15$

$VC-B=35$（视高 $H=1.75$m）

作图步骤：

1）按设定数据作 $VP_1-VP_2=240$，截取四段，90、60、40、50，如图 5-14（a）所示。

2）过 VC 作垂直线 AB

$A-VC=15$，$VC-B=35$；

连接 VP_1-A、VP_1-B、VP_2-A、VP_2-B 过 B 作水平线，向左右按比例截取室内长、宽，尺度（3.5m×3m）以 0.5m 为分隔点。

M_2、M_1 连接 B 点水平线上的各分点，延长截取地角透视线各点。如图 5-14（b）所示。

3）地角透视线各点与 VP_1、VP_2 灭点连线、并延长构成室内地面透视网格图形。如图 5-14（c）所示。

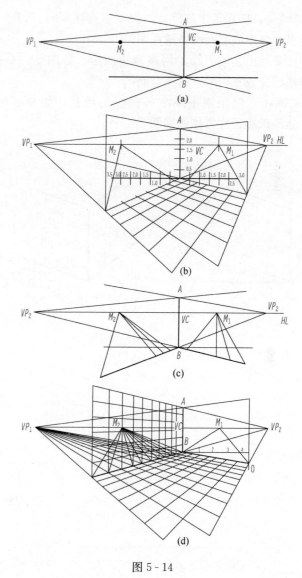

图 5-14

4）依墙角 AB 真高线各尺寸的分割点连接 VP_1、VP_2 与地角线所作的垂直线形成墙面网格透视图。

根据需要绘出其他界面的网格透视图形。如图 5-14（d）所示，按网格法完成室内两点透视空间图。

5）关键在于熟记视平线上各截点的数据，如 90、60、40、

50，总合为适合 A4 图纸最大限度 240 的尺度，若扩大图纸为 A3、A2…时可分别增为 1.5、2…倍数。

根据实践，若要表现室内某一角落，直接按前例绘制，即可以达到预期的效果。

三、远距灭点正立方体透视图

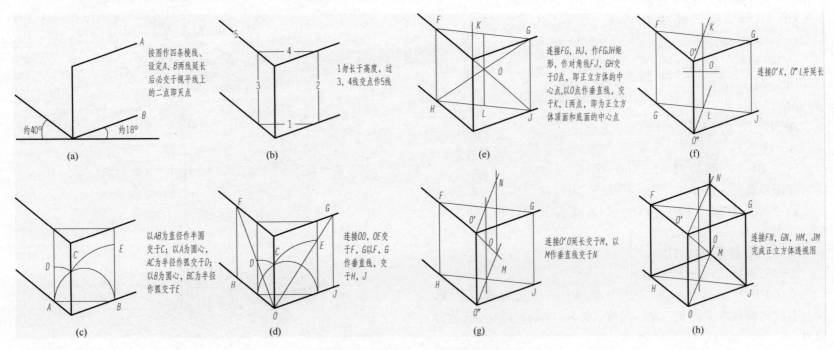

图 5-15　远距灭点正立方体透视作图步骤

138

四、正立方体透视图转换为正立方空间

（1）正立方体为外部形态，而内部既是实用的空间。

（2）转换的目的在于将远距的立方实体应用到空间设计上。既可以提高绘图速度，又能充分利用图纸幅面。

（3）转换的方法是将视平线压低于空间的高度，以适应室内空间的表现，因为表现室内空间的视点一般低于室内的高度。

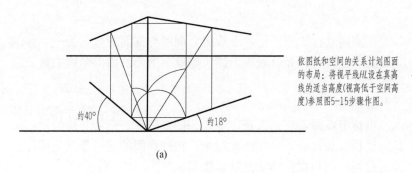

约40°　　约18°

(a)

依图纸和空间的关系计划图面的布局：将视平线HL设在真高线的适当高度(视高低于空间高度)参照图5-15步骤作图。

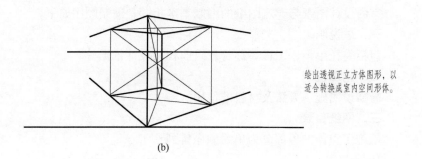

(b)

绘出透视正立方体图形，以适合转换成室内空间形体。

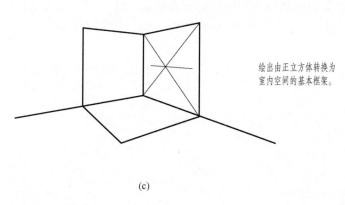

(c)

绘出由正立方体转换为室内空间的基本框架。

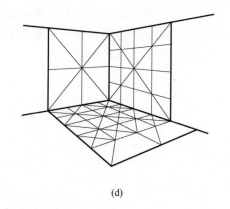

(d)

在透视图中垂直线可进行等分，水平透视线不能等分，根据具体需要，利用对角线与延长线可以缩小或者扩展室内空间，以调整比例尺度，参见图1-71、图5-8、图5-11和图5-12进行深入理解、实践。

图 5-16　正立方体转换为正立方空间作图步骤

第六章 图 纸 编 制

室内设计图纸与建筑图纸的编制基本相同，编制顺序如下：

一、总说明

包括委托单位、工程名称、建筑面积及设计依据等。

二、施工说明

简略说明施工方法及材料的使用。

三、图纸目录

依施工整体的各部分为单元顺序排列：

1. 平面图

（1）地平面图——制图包括地面的铺垫、设施、家具及陈设等。

（2）天花平面图——与地平面上的设施布局，上下相呼应，如灯具安装、各种设施的安放位置及天棚的造型设计，一般天花平面图紧密配合剖立面图，可更准确地展示天花的构造。

2. 立面图与剖面图

在室内设计工程图中，一般将立面图与剖面图合二为一，称剖立面图，这样可以充分表现天棚、墙壁、地面的内部结构关系及造型特点。

3. 详图

也称节点图，包括天花、地面、四壁门窗、现场制作的固定家具以及特殊装饰等十分详细的图纸。构件详图的进一步深化设计是为进行施工制作提供详细的技术依据。

4. 大样图

制作比较精致的装饰构件时，要按实物造型的比例，缩小绘制施工图样。其方法是用方网格坐标原理绘制，施工时可放大图样，进行加工制作，这种按比例缩小的施工图，称为大样图，如图1-45所示。

附录 A 常用构件代号

表 A 常用构件代号

序号	名称	代号	序号	名称	代号	序号	名称	代号
1	板	B	19	圈梁	QL	37	承台	CT
2	屋面板	WB	20	过梁	GL	38	设备基础	SJ
3	空心板	KB	21	连系梁	LL	39	桩	ZH
4	槽形板	CB	22	基础梁	JL	40	挡土墙	DQ
5	折板	ZB	23	楼梯梁	TL	41	地沟	DG
6	密肋板	MB	24	框架梁	KL	42	柱间支撑	ZC
7	楼梯板	TB	25	框支梁	KZL	43	垂直支撑	CC
8	盖板或沟盖板	GB	26	屋面框架梁	WKL	44	水平支撑	SC
9	挡雨板或檐口板	YB	27	檩条	LT	45	梯	T
10	吊车安全走道板	DB	28	屋架	WJ	46	雨篷	YP
11	墙板	QB	29	托架	TJ	47	阳台	YT
12	天沟板	TGB	30	天窗架	CJ	48	梁垫	LD
13	梁	L	31	框架	KJ	49	预埋件	M—
14	屋面梁	WL	32	刚架	GJ	50	天窗端壁	TD
15	吊车梁	DL	33	支架	ZJ	51	钢筋网	W
16	单轨吊车梁	DDL	34	柱	Z	52	钢筋骨架	G
17	轨道连接	DGL	35	框架柱	KZ	53	基础	J
18	车挡	CD	36	构造柱	GZ	54	暗柱	AZ

注 1. 预制钢筋混凝土构件、现浇钢筋混凝土构件、钢构件和木构件，一般可直接采用本附录中的构件代号。在绘图中，当需要区别上述构件的材料种类时，可在构件代号前加注材料代号，并在图纸中加以说明。

2. 预应力钢筋混凝土构件的代号，应在构件代号前加注"Y—"，如 Y—DL 表示预应力钢筋混凝土吊车梁。

本标准用词说明

1　为便于执行本标准条文时区别对待，对于要求严格程度不同的用词，说明如下：

1）表示很严格，非这样做不可的用词：

正面词采用"必须"；

反面词采用"严禁"。

2）表示严格，在正常情况下均应这样做的用词：

正面词采用"应"；

反面词采用"不应"或"不得"。

3）表示允许稍有选择，在条件许可时首先应这样做的用词：

正面词采用"宜"或"可"；

反面词采用"不宜"；

表示有选择，在一定条件下可以这样做的用词，采用"可"。

2　本标准中指明应按其他有关标准、规范执行时，写法为"应按……执行"或"应符合……要求或规定"。

参 考 文 献

［1］清华大学建筑系制图组. 建筑制图与识图. 2 版. 北京：中国建筑工业出版社，1995.

［2］李蜀光. 绘画透视原理与技法. 成都：西南师范大学出版社，1995.

［3］李凤崧. 透视·制图·家具. 北京：中国纺织出版社，1997.

［4］王晓俊. 风景园林设计. 3 版. 南京：江苏科学技术出版社，2011.

作 者 简 介

田原，女，北京林业大学副教授，硕士生导师，中国建筑协会室内设计分会会员。在校主要讲授表现技法、室内设计和景观设计等课程。主要研究方向：室内外环境设计、空间设计等。2000 年毕业于清华大学美术学院（原中央工艺美术学院）环境艺术设计系，获学士学位，2005 年教育部国家留学基金委公派于英国伦敦城市大学，获硕士学位。

曾参与国内外一些室内外工程的设计、施工，作品曾获国内外各类奖项，主要有中国室内设计大展景观设计金奖，田园度假村获银奖。被授予"中国室内设计精英"，"全国杰出中青年室内建筑师"。自 2008 年开始连续多次被中国建筑协会室内分会评为优秀导师。出版了 9 部教材和著作，作品及论文多次发表于艺术类核心刊物。